200+ SUDOKU PUZZLES FOR ADULTS

Large print Sudoku Puzzle Book For Seniors Medium To Hard To Keep Your Brain Young And Active

(With Solutions)

ACTIVE BRAIN

TABLE OF CONTENT

INTRODUCTION

Sudoku is probably the first kind of logical puzzle you thought of when you would like to exercise your mind at home. Every Sudoku has a unique solution that you can use your logical skill to reach. It's become wildly popular with people of all ages, especially for adults to ***relax, reduce stresses, improve brain health and support preventing Alzheimer's disease***. And now is the time to give your brain a real workout!

This book is a great gift for Sudoku lovers:

- New Sudoku puzzles in **Medium to Hard level,** smart, addictive, and good for the brain
- **Large print with each Sudoku per full page**, solving these Sudoku puzzles will be easy on your eyes but not on your brain!
- Solutions at the end of the book
- 8.5 x 11 inch

Rules: Enter numbers into the blank spaces so that each row, column, and 3x3 box contains the numbers 1 to 9 without repeats. It's all about the process of math logic and elimination.

Keep your brain young and active!

SUDOKU - 1

8	7				3		1	
	6		1			3	9	8
9	3			2	4	5	7	6
		3			5	4	6	
6	1	4				8	5	
			4	1	6	7	3	9
3	8		5	4	1	9	2	7
			7					3
			9	3	2	6		

SUDOKU - 2

1					6			
5			1	7	4		3	
	9	4	8	3	5	7		2
	6	1		9	8		7	5
	5	3		6		4	9	8
			5		2	1		3
9	8	6	2	1			4	7
	4		6	5	9	3	8	1
3	1	5		8				

SUDOKU - 3

	1				7	2	9	
6	5				1		8	
8	2	7	9	5			6	4
		5	1			6	4	
4	8		6	7		3		
		3		2		5		8
	4		5	1			3	7
5	3	8	7	9	6	4	2	
2	7		3			9	5	6

SUDOKU - 4

	5	7	6	8			1	2
		1	7					5
8		2		1	9	6	7	
7	9	8	2	5			3	
				7	6	2	4	9
		6		9	1	8		
1	3	5					6	4
6	8		4			5	2	1
2	7	4			5	3		8

SUDOKU - 5

2	7					6		4
6	8	1	3	9		5		7
4	5	9			2	3	8	1
9		5	6	2	1		7	3
	2	7				9	6	
		6		7		1		2
7	9	2		5				
		4			7	2	1	9
			2	4	9	7		

SUDOKU - 6

5		8		3	4	1		7
1		3	8	2	6	5		9
	4	9	1				3	2
	5				9	6	7	3
4		2	7	8				1
9	3		6	5	1	4		8
			5	1	2	7		
	8	6			7	3		5
			3		8			

SUDOKU - 7

6	5	9		7	1		3	8
	8		2	9	3	6		
	4	3		8		7	1	9
	2	6	7		8	5		
8	1	4	9				7	6
7	9		3				8	2
				3		8		7
		1	8	2				
5		8			7		2	1

SUDOKU - 8

		5		4	3		6	
4	3	8			7		5	2
7	6			8		4		3
	4	2	1	3	5	6		8
1	5				8			
	8		4		6		2	5
		3	7	2	4		8	1
5	7				9	2	3	
8		4		5	1	7	9	

SUDOKU - 9

1	2		7	4			9	5
7	6	3		8			4	
			2			8	7	
	7			6	4	5	1	3
	3		5				8	
4			3	9	1		6	
	4					9		1
5	9	6	1	3	8	7	2	
3	1	2		7			5	

SUDOKU - 10

7	6	1					9	4
		2	7		9	6		
9		5	1	4	6	3		2
8	9		2	1				
	5	6	8		4			3
2	7		6			8	1	
		8		3	1	4	5	7
3								9
5		9		6				

SUDOKU - 11

		8						
4	6			9			1	7
1			7		2			3
5	2	4	8		3	6	7	
	8	3	2					4
6			9		4		3	
	7			3	9	4	2	1
		1	5		7	3		6
	9		4	2	1	7		5

SUDOKU - 12

		1		3	6	2	5	
							9	
			4			1		
9		8		7	2	3		1
		5		4	3			9
	4		6			5	2	
8	3		7	9	5			2
	9			8	1	4	7	3
	7	2	3	6	4	9	8	5

SUDOKU - 13

1	2			5	3		7	
	7		8	4	6	1		
		6	1	2	7	3	5	
2		7		6			4	
3	4	1	2		9			
9	6	5	7	1	4		2	
7	1				8		3	4
6					1	2	8	5
	5	4	6	3		7	1	9

SUDOKU - 14

7		4			5		8	1
5		1	4				3	
9		8	7	2		5	4	
8		3	9	7	4	6	2	5
	5	7			2		9	8
6					3	7	1	
1	7	5	2	8	9	4		
		9				1	7	
		6	3	1	7	8	5	

SUDOKU - 15

			5		9		6	
2			3		8	9	1	
		9	6	1	4	5	2	3
		8					7	1
	2	5	8	6	1	3	4	
	9	4		3	2		8	
	6	3	1			8	9	
4	8		9			1	3	7
	1	7	2				5	6

SUDOKU - 16

7		3	1	5	6			
	8	1	7	2	9		3	
	2	6	8	3	4	7	1	5
6		9					4	
4	5				2		7	
3	1		5	4	7	9		8
8		5	2			4	9	
			4		3	1		6
1	3	4		6		8		7

SUDOKU - 17

1		3	4				2	
6	7	5	2	1			4	9
		2	9	7	3		5	6
	4		8	2	9			3
7		9		6	5	4	8	
		8	1	4	7	9	6	5
8		1		3		5		
9		7		8	4			
3	5	4	6		1		7	8

SUDOKU - 18

	5	9	1		7	4	2	3
3		1	2	5		6		8
		7		4			9	5
2		6		1	5	8	4	
		8		3	4		6	
5	7			6	2	3	1	9
7	6	5	4		8	9		
4		2	5	9				
9	8	3	6	7				

SUDOKU - 19

2			6				7	1
9	5	7			3		2	
			2	9			5	
3	9			1			4	7
			3		9	5	8	
	4			6		1	9	3
					6		1	4
1	6		5	2	8		3	
7	2	9	4	3	1	8	6	

SUDOKU - 20

3	9	2	5	6	4		7	8
				1	8		9	
6	8		7		2	5		4
				5		4	8	7
8	2	4		7		9	5	3
5	7	3		4	9			6
7	6	5	4		1	8	2	9
1	4			2		3	6	
		9		8	5			

SUDOKU - 21

9	1		7		2	3	8	5
				5	4	2	6	
2		6						
5		7		1	6		2	8
1	6	2	8	4		5		7
4	8	3		7	5	9	1	6
8		1	5			6		
6			4		7		9	2
		9	6		1		5	3

SUDOKU - 22

6		4	8	2		3		7
	7		3	4	1		6	5
							2	
2			5	3		1		
4	8		2		6		7	
7		5	1	8	4	2	9	
3	4	8	9	7	2		5	
	2	6	4		3			9
9	1		6	5			3	

SUDOKU - 23

	7			6	2		1	9
6		9	5	8		7		
	4	5	7			8		6
4		6		3	7	9		1
	5		2	4	9		8	3
9	3	8	6		5	4		2
5		2		7		1		
	9	4		5	8			7
7					6			

SUDOKU - 24

	8		3	2		9		6
6	7		4	9	5	3	8	1
		5	1	6	8	4		7
	5		9			6		4
7		4			1	8		
2	1					7	3	5
5	2	6				1	4	3
		8	6	5	3	2		9
	9	7	2		4			

SUDOKU - 25

			8	7	1		3	4
7		8	3		9		2	6
	3	5	4		6		8	7
		2		1	4		9	
	9		2	8	5	7	6	
8		7	9		3	2	4	
4		6	1					
9	7	1	6	3		4		2
	8	3	5		7		1	9

SUDOKU - 26

	1		9		2	8		6
				6		2	4	5
	4	2	7			9		1
	2		1	5	7			
7	3	9	4	2	6	5	1	8
1		4		9				7
4	7				9	1	6	2
2	9	1	6	7		4	5	3
5			2	1	4			9

SUDOKU - 27

2	8		6	4				
		9	3	8	2	5	1	6
				5	9	4		8
		6		1	7		8	9
9	5	7		2	8		3	1
8	2	1		6		7		
		8	1	7	4	3	9	
7	3	2	8	9	6	1	4	5
	9	4		3	5		6	

SUDOKU - 28

2	6		3		1	7		9
	9	4			2	8	3	6
	8	3		6	4			1
	4			7	3	9	1	8
8	1		4	9	5		2	3
	3	6	1			4		5
	2	1	8	3	7	5	9	
3		9	2	4	6		8	
	7	8		1		3		2

SUDOKU - 29

5	6	9	1	7	2		4	
8	3	7		6				
1		4	3	8		9		
4	8		2	9	7	6		1
7	9		6		3	5	8	4
	1	6				2	9	7
9	4	1	7	3	6	8	2	5
2		3		4		7		
6		8		2	9		1	

SUDOKU - 30

		2	5			3	4	
6		4		2			8	5
	3	8	1	9			2	6
	8	3			1		9	7
9	2		8	3	5		1	4
1				7	9		3	
3	5	1			8	2	6	9
	7	6		1	3		5	
	4		6	5	2	1	7	

SUDOKU - 31

8	1		6	7		3	2	5
	6		4	2	1			7
	2	9	8		5	6	1	
6			9			5		
			3			2	4	
4	7	2	5			8		
9		1	7	5	3	4	6	2
3		7			4	1	9	8
	4	6	1		8			3

SUDOKU - 32

3	9	7	1	8	2	5		
5	1	4		6		8		2
	2	8	5			1	9	7
2	6	1	7		5	3	4	
		5	4	2		6	7	1
	7		6		8	2		9
	3			4		7	2	5
	4	2	3	5	1			6
	5		2	7	9			

SUDOKU - 33

	1		7	3			2	
2			5		9	7	1	8
9					6	3	4	
8			9	7				4
1	7	2	3	6	4	5		9
3	9	4	2		5	6	7	1
6		8	4				9	7
5	2	1			7		6	3
7	4	9	6	1	3			

SUDOKU - 34

5		9		7				
8		3		6		4		
		7	1		9	3		
6	5	2	7	9	4	8		3
	7	1		3	8		9	6
9		8	6	1			4	
3		6		5		7	2	4
1	9			2	7	6		8
7		5	8			9	3	1

SUDOKU - 35

9	5	8	2	3	4			7
	4		5	6	7		8	9
7				1		5		4
2	9			5			4	8
	6	5	7		8	9	1	3
1	8	7	4	9	3		2	
			6	7	1	4		2
	7	2		4		8		1
	1	4	9			3		6

SUDOKU - 36

3			9			2		
	6	7		3	8	9	1	
	9		6	2	5	3		7
7			1		9	4	2	3
6	1	3	7		2		5	9
		9	5			7	6	1
9			8		4	6		2
	7		2	9	1		3	
	4	2	3	7	6		9	

SUDOKU - 37

4			8	7	6	9		
3	9			5	1	8	4	7
	8	7				1	6	
1	4	3		2	9	5	8	6
		9	4	6		3	2	
		8	5			4	7	9
	3		6	9	7		1	8
9	6	1	3	8			5	4
				4	5	6		3

SUDOKU - 38

	7	5		8		4	3	2
	6	9		1	2	5	8	7
2	3	8	4	5		1	6	9
9	5		8	4				
8	2		9		5	6		
7	1	4	2			8		
	9				8	3	7	4
3	8	7	5		4			6
6		1	7	2	3		5	8

SUDOKU - 39

7	9	4		2	1		5	8
8	2	6	9		3	4		
3		1	8	7	4	9	2	
	6	2	1	8	7	5		4
1	3		2		6	8		7
	7				9		1	2
5	8			6	2		4	3
	4			1		2	8	9
2	1					7		5

SUDOKU - 40

6	7	9		4	3		2	
	8	3	9	1	2		6	
			7	8		9	3	4
	9			6	1		8	2
3	4	8	2					7
				7		5	4	9
8	6				5	2		3
9	3	1		2	7	4	5	
	5					1		6

SUDOKU - 41

	3		4	7	2	6	1	9
	9	2		8		4	7	3
7						8	2	5
3	8		2	4	7			
4	5			6	1			
		6	5		8	1		4
	1		8	3		5		2
9	2	8	7	5				
	4	3	1	2		7		8

SUDOKU - 42

	8		5	4	7	3	6	
7	5		3		6	8		
4		6	2			1	5	7
9		4			3	6		
2		8		6	5			9
		5	4		8			
8	2	7	9	3	1	5	4	6
6	9	1	8	5			2	
		3	6	7	2		1	8

SUDOKU - 43

5	3			7	8	9		4
6			4		9	3	1	5
4	9	2	3	1		6		
8		9					7	
	1	3	9	5	4	2	6	8
2	6	5	8		7	1	4	
	7	4	2		3	8		
3				8		4	9	
		8		4	6	7		

SUDOKU - 44

	7	9			2		5	6
	8	3				1	4	
	6	4				8	7	2
		5	9	2				
7		2	6					
4	3	6	7		5	9		
9	5	7	3	6				4
6	2	1	8	4	9	5		
			2	5	7	6		1

SUDOKU - 45

5	6		7	8	4			1
4	1			2	9		6	
9	2		1		6	4	5	
			6	1			4	
				4			7	
3		4		9	5		1	
8	3	5	4		1	7	2	9
1	4	2			8	5		6
	9	6		5	2			4

SUDOKU - 46

				6	2	7		5
6		3	4		1	8		
	5	9			7	1		4
9	8			4	5	3		
	2	6		8	9		7	
1			2		6	4		9
7	4	2	5			6		3
5	6		7	2		9	4	8
	9	8		1				7

SUDOKU - 47

3		2		4		1		
9			8			4		2
1		4		9			5	6
5	1	7	9	6	8		3	4
2	4	6	7		3	5		9
8		9	4	2			1	
		1	6	8		9	2	
6			3		2		4	
					9	8		

SUDOKU - 48

	8	4					2	
	6		4		1	9		
9	5	7	3	6	2	8	4	
6	3	2	7			1		
	9				4	5	6	
4				9		2	7	
8	7		2		5		3	9
			8	3	6			2
3	2	6	9	1		4	8	5

SUDOKU - 49

9		5	3			2	1	6
2	7	4	6		9		5	
		1		5		7	4	9
3		6	2			9	8	
5			7	6				
8		7	9	3		6	2	5
	6	3	1	8				
		8	5	2			6	
1		2	4	9	6	8	7	

SUDOKU - 50

					3		4	6
6			2	5		7		9
	5	1	7	6			2	8
2	9			8				
		4	6	2				5
8	1		9	4	5	2		
		2	5		8	1		4
5	4	3	1				8	2
1	8		4	9	2	6		

SUDOKU - 51

8	9	7	4	3		6	5	1
3		6	9	7			8	4
						7		3
7	4		5		9			8
2	5			8		9		6
9		8	3	2				5
6					8	5		2
	7	2	6			8	3	9
1		5	2	9	3	4		7

SUDOKU - 52

	8		9		7	2		5
5	9			8		3	1	7
	3	7	6	1	5	9	8	
	6		3	9	8			1
		9	7					
3		5	4	6	2			9
9	2	3		7		1		
			8	2				6
			1	4	9		2	3

SUDOKU - 53

4	3	9	7	6	2			5
	1	5				6	3	2
6	8		3	5	1	7		
	2		5	9	8		4	
			2		4	5		1
3				7	6		8	9
				1	3	9	5	7
5	9		6	4			2	8
8	7					4	6	3

SUDOKU - 54

7			2	5			8	9
9	2	5		6	3	1		7
8				7	9		2	5
4	6	3		2	8	9	5	1
2					5	7	3	4
5				3			6	8
6	4	8	3	1				
3		7		8				6
1	9	2	5	4	6	8		

SUDOKU - 55

1		9		5				8
	5	7			8	2	1	
8		4	7	1		6		9
	9	3		6		4	8	2
	8	6	3		7	1	9	5
		1					3	6
				9	6	8	2	
3	1			8				7
9		8	2	7		5		1

SUDOKU - 56

7	3		4			8	2	1
5	1							3
	2	8		6	1			4
6	4		5	8			9	7
			1	3	4	2		
1	5			7		3		
2	8	1	6	9		4	3	5
4			2		3	7	8	9
	7				5	6		2

SUDOKU - 57

2		7	3	8	4		1	5
4		6	9					2
	3	5	6		1	9		7
6		9	5	1		8	7	
7	2		4	6	3	5		
3		1	8	9	7	4		
1				3	6	2		
5	7	3			9	1		
		2	1		8	7	3	

SUDOKU - 58

		8	1			7	4	9
1		4		3	8	2		5
			9	5	4	1		3
	1				9		3	
			2	7	3		1	6
3	6			4	1			8
2						3	9	
	4	1		9	2		5	
9	7	3	6	1	5	8		

SUDOKU - 59

	2	6		9			8	
			6	2	4	7	9	
4		3	5		8	6	2	1
3		4	2	6	7		5	8
2			8			3	7	4
	8	7	3		9		1	
				3	1	5		2
1			9	5				7
			4		2	1	3	9

SUDOKU - 60

3	7	2		4	9	1		
6	4	9	1		5			7
8		5	3		7	6		
7	5	6			3	8		
	3	1					6	2
2	9	8		6	4		1	
9		3	8	5		4	7	
1			9		6		3	5
5	6	7	4	3				

SUDOKU - 61

			1			2		
	9	1		2				
5	2	8	9	3		4	1	6
9	3	7	6		2		8	4
8		6	5	9	4	7		
2	4			7		1		9
7	6		2				5	3
							2	7
3		2	7	8		9	4	1

SUDOKU - 62

1					8	3	2	4
	9				3		1	5
3	5	2		4	1	9	7	8
6		1		7		2	8	9
4				8	2		6	3
	2				6		4	7
			8			7		
	1	6	4	3	9	8		
		5	2	1	7	4	3	6

SUDOKU - 63

				9		5		7
	2	4	7	1	5		3	6
7	9			6		1	8	2
		3		8	9	6	5	1
4	6	8	5				2	9
	5	9			3	4	7	
3	8	2	9	4	6			5
9		7	1	5		2	6	3
					7		9	4

SUDOKU - 64

8	4	9	2		7	6	1	3
6	7	5	1			9		
	2							7
7	8	6	3	2	4	1		
1		4					2	
	9			7	1			
4			9	8		2	7	1
9	1		7		2	5		4
2		7		1	5	8	3	9

SUDOKU - 65

					9	2	6	5
6	5				2		4	9
	7		4	5	6	1		3
1	6	8	9		5	3	2	
				7	3			
	3	7						
8	2	5			7	9	1	4
7	1			2	4	5		6
3	4		5	9		8	7	

SUDOKU - 66

3		1	2		7	5	9	
7		2	9	1	8			
6			4	3	5			1
1		4			9	8	6	3
5				8		4	2	
	7	3	6					5
		7	1	9	3		5	2
9			5	7	2	1		
2	1		8					9

SUDOKU - 67

7		4			6	3	8	9
3		5		8			1	7
6		8		7	3	2		5
9		6	2	4	7			
		7	6		5	9	3	4
	4							
1		3	7	6		4	9	
8	7	2	9				6	
4		9				5	7	

SUDOKU - 68

9	8				6			2
6	7		3				4	
	5	3	4	8		6		9
4	9	1	6		3			8
8				4	7	9	2	3
	3							4
			2		4	3	8	6
	4			6	1	2	9	
7		6		3	9	4	1	

SUDOKU - 69

4	5	8	1			7	2	9
2	6	3			9	4		
		7	4		2	6		
				2		9		
1		9	6	5	3	8	4	
5				9		1	6	3
					7			
7	4		2	1		3	9	8
3	2	1	9	4	8	5		

SUDOKU - 70

	8			3			7	5
	7	3		6		8	2	1
		5	7	1	8	9	3	
	6	2		7	3	1		9
3			6	9	1			
7				5	4	3	6	8
	9		5			4	1	
5	3						8	7
8		1	3		7		9	

SUDOKU - 71

7	6	1		9	8			
9	2	5	7	3	4	8	6	1
8	3	4	1	6	2	5	7	
			8			3		
			3	5	6	9		
3	4				9	6		5
	5		4					3
1	7	9		2	3	4		8
	8			7	5	1	2	

SUDOKU - 72

		3		9		2	5	1
	7					3		8
9	5	2		1	3	7	4	6
	1				9	4		5
7	3		5	8	2	1		9
		5	1	6	4	8		3
3	6	7	9	2				4
		9		7	1	6	8	2
8				5	6			

SUDOKU - 73

6	2		8	1	5			3
8		5	7		3	1	6	2
	4	1	6		9		8	5
2		8		3	1			9
	3	4	5					
		6			2		3	
1	6		2	7	4			
4			1	5	8		9	
5	8	2	3		6	4	1	

SUDOKU - 74

	3			8	6		5	
5	8				2	3	7	
	6				5	8		
7		8				9	1	2
9	1		2			5		7
	2	5	9	1	7		6	
6	7		5	2	9			3
			8	7	4	6	2	
8				6		7	9	

SUDOKU - 75

	2		7	6	9	3	8	5
5	7		2		1	6		
				8		7	1	
			6			5	3	8
8		5	4		3			7
7		3	8	5	2	9	4	6
		6	9		8	4	7	1
			1	4	6		5	3
2	4		3	7	5	8		9

SUDOKU - 76

	4	7	2		1		8	3
3	9			4		6		
	2	6	3		9			4
4	1	2	6					
6			9		8	4	2	
8		9			4	3		
9	6	4				7	3	8
7	8			9	3	2		
2		5			6	1	4	9

SUDOKU - 77

	3	7	1			2	6	
5	6	2	3		8	4		1
	4			6	5	7	8	3
	1	8	7				3	6
	7	6	8	5	3			2
	5	3				8		
	8		5	2	6		4	9
3	9		4		1	6		7
6	2	4		3	7	1		8

SUDOKU - 78

2	9	4	6	8	7	5	1	3
3	7	6	9		5	8		4
		5		4	2	9		6
5				6				1
	8		7		1			2
7	4	1	2		8			
		8		2	4	3	5	
4	3			7	9		6	8
			8		6	2	4	

SUDOKU - 79

	1	3		2	4	8		
	5	4	9			1	6	
8	9	7					2	
		9	3		5	2		1
3	6	5		4		9	8	7
	2		7		9	5	3	6
		6						8
			8	3	1	6	9	4
1	3	8	4		6	7	5	

SUDOKU - 80

	1	4	3	9			2	
					8	5		3
5	8			7	2	9	1	6
4	9	5			7			1
	3		2			8		
	6		1		9		5	
3			5	4	6	1		
8	4			2		3		
1	5	2	9	8	3	6		4

SUDOKU - 81

	5	4			9		8	2
			5	8	6	1	4	
				2	7			9
5	7	6	9	3	2	8		4
	2	9				7		
1	8	3		5			9	6
3	6	1			8	9		5
2		7	1	9	5			8
		5			3	4	2	1

SUDOKU - 82

2			6	8	1	9	7	3
9	1	6	3		7		4	2
3		8						6
			7	9			1	8
8	9			1				7
	4			6	8		3	9
	8	9			6		2	
6	2			3		7		4
4	3	5		7			9	1

SUDOKU - 83

					8	9		4
9	2	4	3		5	6	8	
6		8	9		4		2	
	8	5	7		2		6	9
4					9	2		
			4	6	1		3	
		9			3	8		6
8		2	1			7	9	3
	3			9	7	1		2

SUDOKU - 84

3	9		6			1	8	7
		7	9	1	8			
8	6	1	2				5	4
	3			5	2	4	7	1
1			4	9	6	5	3	2
2	4				1	6	9	8
5		6				3	4	
		3		8			2	6
	2	4		6		8	1	

SUDOKU - 85

3		8				4	6	7
	7		3			5	2	
9		4	7				8	3
	6	1	9	4	3		5	8
5				2		6	3	4
4	3	7	6		8	9	1	
6	4	3	8	1		2	7	
	1			3	2	8	9	
	9			7			4	

SUDOKU - 86

	2	3				6	7	4
		4	6	7		8	9	
7	8	6			4	5		3
	4		1		6		8	5
8		1		3		2		6
	5		4	8			3	1
	3	5	7			1	2	
2	7	8	3	5	1	4		
	6	9			8		5	7

SUDOKU - 87

9	8		3	5		6		2
	2	5	9	7	8		4	
3			6			9	5	8
			1	4	7	5	3	
	6	3		2	9		8	
						2	1	
4	5				1	8	2	
8	1	2				7	9	5
7	3		2		5		6	4

SUDOKU - 88

1		6	2	5	9	8		4
4	2	5				3		
	9	8	3	4				5
	1		9	2		7		8
	7			3		4	1	
9	8	4			7	2	6	3
			1	9	2		3	6
3	6	1		7		9	4	
2	5		4	6	3			7

SUDOKU - 89

			7			6		8
	7	8	4	3	6	2		9
6		9	8		5	7	4	
	1		9	8	2			4
7	9			5		8		
8		3					9	
3	6		5		8	4		7
4	5	2	1	7	3	9		6
	8	7	2	6		5	1	3

SUDOKU - 90

3	4	9		5	6	1	8	
6	2					3	5	4
8	7		3				2	9
9	8	2	1	3		7		
		7	6			8		2
	6	4			2	9		5
		8	9			2	7	
			4	2	1	5		8
2	1		5	8	7	4	9	

SUDOKU - 91

5	8			2				4
6	9	1	8					3
	4	2				6	8	1
1	5	9			8	3		2
2					1	9	4	7
3	7	4	6	9	2		1	8
			7	6	3		2	
4			9		5			6
	3			1	4	8	7	5

SUDOKU - 92

4			7					1
	7		1		2		6	9
9	1	2		5		3	7	4
6				7	4	9	8	3
			3	1	5			7
7		4				2	1	5
5	9		4	2	7	1	3	8
	4	3	9	6		7	5	2
1			5		3			

SUDOKU - 93

	5	3	6	1		8	4	
9		8		4		6		1
6		4	5	8	2	9	3	
5	8	6		2				3
4	7	9	3					6
	3				7	4	9	
8				9	5			
	9	2		7	6		1	8
	4	5	2	3	8	7		

SUDOKU - 94

5			2	9	7	4	8	1
			5	3	1	9		2
		1		8	6	5	7	
	8		6			7		
6		9	3	7	2		1	
1		7	8		5			9
4	1						9	8
	3	2		6		1		
9	7	5	1		8	3	4	

SUDOKU - 95

9		7	2			3	4	
3	1	8	6				9	2
4			7	3			6	8
	3	6		7	2		1	4
2	8	1		9			5	7
			1	5	6	8	2	
		4	5	6		2	7	1
	7	2		8		5	3	
1	5						8	

SUDOKU - 96

4	6				7	9	2	5
2	5				4	1	7	
	7	8	5	9		6		4
	4		7		3	5		
5	2	7	8	1	9	3		
	9		4		6		8	
	8	2	9	7			5	3
7	1	4	6	3			9	
9		5		4	8	7	6	

SUDOKU - 97

6			4			9	5	3
		3			5	1	7	8
7	8			9	3			
			5	2	6	3	8	4
				4	8	5		
8	5			1	9	7		6
2	1	7			4	8	9	5
4		6	8	5	1		3	
5		8	9	7				

SUDOKU - 98

1	7	8		4				
2		9					6	
	5	3			9	2	7	4
5			9		4	6	3	
4	9	2		3			1	7
				2	1	4		8
	3		4	9	7	1		5
	1	5	3	8			4	
9	2			6	5	7	8	3

SUDOKU - 99

4	5	1	2		7			9
9	2				3			6
			8	9	1		5	2
	3		4	8	6	5	2	7
2		5	7	1		8	6	3
					2	9		
		3	1	2				
5		2				7	1	8
		4		7	8	2	3	5

SUDOKU - 100

			7			6		
4	9						7	8
6	5						2	4
3	7	5	4	2	6		1	
1	2	8	9	3			6	5
	4	6	1			7		
	6		3	7		2	8	
2		1		4	5		9	
7	3		2	8	1	5		6

SUDOKU - 101

7		6	3				1	
4			1	9	2			8
9			7	6			5	4
	4	5		8	9	7	3	6
3		7		4	1	2		9
8	2	9		7	3		4	5
6	7	8		3	5			
		1	4		7			
	3	4					9	7

SUDOKU - 102

3	8				4		2	
	6		5	2		7	8	3
			3	8				9
			4		2	3	6	1
2	4		6					8
1	5	6	8	9	3		7	2
9		2	7	6				4
	7	8			9	2	3	
	1		2	3	8	6	9	7

SUDOKU - 103

1		5	8	2	6			
8	6	7			9	2		
	3	2	1		7	9	8	6
	7			3	8	6	2	
6	8	4	7				5	
	2	3			1	4	7	8
			6			1	3	2
3	5			1	4	8	9	7
2	1	8	9	7	3		6	4

SUDOKU - 104

8		4	1		9	5	7	6
2	7	1		6		8		4
9				8		2	3	
3					2	7	5	8
	6				7			
7	8				1	4	6	3
5	4		9		3	6	2	7
1	2		4	5			8	
	9				8			5

SUDOKU - 105

	5	4				8	9	2
8		2	5	7			4	1
	1		4		2		3	5
6				5		4	2	7
	7		6	3	4	5		
4	9	5	8	2				
		9	3	1	8	2		
3		7	2	4	5			8
		8			6	3		4

SUDOKU - 106

1	2	7		3		9	4	8
		4	7	1	9	2	6	
9		6	4		8	7	1	3
2	6	1	9	5	3	4		
	4	8	1	7			3	9
	9	3	8	6		1		2
8			6	9				4
4	1				7	5		
6	3	9	2				7	

SUDOKU - 107

	1	9	3	5				4
	3		2	7	8	5	9	1
			9	4	1	6	7	
5	4			1	7		2	9
		7	4		2			5
9		1			5		4	6
	5	4	7	2	3	9		8
	9	2			4		3	7
3		8	1	6	9		5	2

SUDOKU - 108

6				5	2	9	8	1
				9	1			2
	9	1		3	6	7		
		2	6	7	8	1	9	
1	6		2	4	5	8	7	
		8				4	2	6
8	2	4	9		3	5		
9		3	1	2	7	6		
	1	6			4	2		9

SUDOKU - 109

	3	9	2	1		4	7	6
1		8					9	3
	2	4		3		8		1
8	5	6		2		1	4	9
9			8	4		3		2
3	4			9	6		8	5
	1			8				
4	9	3	7	6	2	5		
			9		1	6		4

SUDOKU - 110

1	7	8	4			6	5	
5			1	7	8	3		
3	4		6		5	7	8	
		4	2	8	7		3	6
	3		9	4	1	5	2	8
8				5			9	7
			7	1	4	9		5
	1			6				
	9			3	2	8	1	

SUDOKU - 111

		4	5		3		8	9
1		5	2		9		6	7
	7	9			6	5	2	4
			4	6	5	7		
	4	3		1	7		9	6
7	1	6	9	3	2		4	5
6	2		3					8
4	3	1		9	8	6	5	
9	5	8	6	2	1	4	7	

SUDOKU - 112

2			7	1	5			4
4	3	9	6			5		1
1	5		4	3	9	2		8
9		2			3	7	8	5
	1	5	9				3	
	8		5			4	1	9
5	7				6	8	4	
6		3	8	4			5	7
8	9	4	3					6

SUDOKU - 113

5	2			9	3	4		
3		8	2		4	5		
	4		1	6		2	8	3
		7	4		8	6		2
4			7	3	6	8		9
8	5			1	2			
	7	4		2		9	3	
1		5	3		9	7	2	6
2	9	3		8	7	1		

SUDOKU - 114

	3			9	6	2	1	4
2	9			5	4		7	
	6		1		2	3	5	9
	5		4	1	3	7		6
		7	6	8	5	1		
3								5
6	7	2	5				4	
1		3	9	4		5	6	2
5		9	2	6	1	8		

SUDOKU - 115

		2	7		4	6	3	
	8		5	9		4		2
	4	3	2	6	1	5	8	7
			1	2				
7	1					2		8
	3	4			6	7		
	6			7			2	3
8	7		6	3	2	1	4	5
3		5		1			7	6

SUDOKU - 116

	7						9	
3	8		5	2	9	1		7
2				4	1		8	6
	4	5	2	6	8			3
		3	1			7	5	8
		8	3		7	4	6	
8	3	7	4	1	5			
1	6						7	4
5	9		6	7		8		1

SUDOKU - 117

5	4	6	9			1		8
2	3		1					5
7				5	4	9	6	
8	9			7				2
	7	1	3	8	2	5	9	4
4		2	6	9				
		4	5	2		7	3	9
				4	3	2	5	1
3	2	5	7		9	8		

SUDOKU - 118

9	6	5		8				3
3			9	2		6	7	
	7	2	4		3		1	
7	8	9	6					
2			8		4			5
5	3	4	1	7				6
6		3		9		1	8	4
	2	8	3	4	6	9	5	7
	9	7	5	1		3	6	2

SUDOKU - 119

8		5	7		3	1		2
3	4	9	2	6	1		7	8
	2	7	8		5	6		9
	8	3	9			7	2	5
		1			7	8	9	4
9			4	5	8	3	1	
					9	4		1
						2		3
5	1			3		9	8	7

SUDOKU - 120

		1			8	9	5	
	8	3			6	4		2
6	5		4		1			7
	4			6	5	2	9	
2	6	9	3	4	7	5	8	
						7		
5		6		7			2	8
7			5			6	4	9
3	2	4	6	8	9	1		

SUDOKU - 121

3					1			
	7						5	3
		6					1	2
	4	7	8			1		
			1	2		6	7	4
		1	5					8
							4	6
9								
					5		8	

SUDOKU - 122

			3	2			6	
7	1				9	2		
				8	1			
1			9	6				
		7						
						6	1	
4							3	
		1				7		
			4		6			

SUDOKU - 123

		8	9	4				2
	2				1			
	9		6				4	8
		5	2					
					3			
					8			
		9		5		6		
	1	3					2	9
2	4	6		8				

SUDOKU - 124

5			6					
	4					7	1	
8							9	5
1	5	4	8		2			
			4	5			7	2
			3			5		
				4			6	1
7								9
	6				3		5	

SUDOKU - 125

	3		1	5	2			
5					3	7		8
		1		7	6			3
1			7					
					9			
	2					9	4	
3					1		6	7
	1	6	3			2	5	
2			6	4				

SUDOKU - 126

	6		8	7		1	9	
9		2					7	
	7	8	1		4	2		
				8	7	9		
				4			5	
			6			8		
				2				1
		6						
8	9							4

SUDOKU - 127

7			4		8			
	5				6	9	8	
	6	9		2			7	
4	9	1				6	5	7
					9			1
5	2				4			
				3		8	6	
9			6	4			3	5
		3			7			9

SUDOKU - 128

9				6	8	1		5
6	5			4	1			
	1							4
		4		5				9
	6		8				5	3
		5						
	9	8	6					
		6		1				
2		1	5					

SUDOKU - 129

	6		8		5			2
		1	4			7	9	
	4	9						
9	3				6	1	4	
					1			
	1					3		
					8			4
6	8	2						
	7	5		3				1

SUDOKU - 130

	2	8		5			6	
7	3	1	9	6	4		5	
	5		2		8			
2						5	7	4
8			5	4				6
4								3
5			4					
		7	8			6		
	8	6	1		9			

SUDOKU - 131

	7					9		
			3	4	1			
			9					
8		7		1			6	4
5			7					8
		1				3		
								9
	4	8		9		7		

SUDOKU - 132

				5				
	2		8				3	
			1			7		5
		8	4	3				2
						1		3
3		2				6	4	9
8		1			4		5	7
					1			
2		6				9		

SUDOKU - 133

	6				2			
8		5			6			2
2	3							4
					9			
	8							
9				5			4	
	1		8	2	4			
7		8	5		1	3		
5	2						1	

SUDOKU - 134

				4	1	7	8	3
							9	
2			3			5		
	1			5				
3		9		1	6		7	
5					3			
	3					9	6	
		7	1					2

SUDOKU - 135

8				6				
		7		2	3	8	9	
		1		8				4
			9	4				2
	6							
			8			3		9
	5	6		7	4	9		
								5
					5			

SUDOKU - 136

			6	8			3	
8		2	1				4	
	6	5			2			
3				2	6		5	
		1						
			9	4				
			4				6	9
	5	3		9				
		4	7				8	

SUDOKU - 137

	6			7			4	
3				4	8	1		
8	4					7	2	9
	8			1	7			
1						4		3
			6				9	
						9		2
								4
				3				

SUDOKU - 138

8		1		2	7	5		
5		3				4		2
	6			3				
	1					3	5	9
9				7		2		
		6				8		1
1			7			6	8	
	8					9		
	2		9		8		4	3

SUDOKU - 139

5	9						7	
				9	5			4
6					1	2	9	
	3	6						
					3		2	
2			9	8				
		9	3		6			
1	5							
		8			9			

SUDOKU - 140

	3			8		6	5	4
5				7		3		1
							8	
			5	3			7	
3	2		7		4		9	
		4						5
2							6	3
				9				
	8							7

SUDOKU - 141

	7	2				1		
				2				8
	8	6		5	1		9	
7				6	8	9		
			9			5		3
		7						
		1			5	2	7	6
				3				

SUDOKU - 142

2			4					6
		5	3		9		8	
			2					4
7	3	8			4			9
		1	5	6			4	
		4		9	3		7	1
							1	8
5	8							
	4			3				5

SUDOKU - 143

	3	4		2	5	9		
	8		9					
9		1				3		6
	5			9	8		6	
2				5				
6			3	7		5	4	
			5			7		8
	7	5	2		3			
	6		7					

SUDOKU - 144

					4	1		6
	6			2				
	7			6				
7								1
								5
6	4		1				9	
	2			8	7			4
		7	4				3	
4			2				1	7

SUDOKU - 145

5			6					8
1		7		5		9	6	
	6		1					
		6		4				9
9		3			1		4	
		1		9			3	
6				1	5		9	
								1
4		9		3				

SUDOKU - 146

		6			7			
2		3		6				
			3	4		5	2	
3			4					
	6						4	8
		4					9	5
		8	7					
		1	6	8				2
6	2		9				5	

SUDOKU - 147

7							8	
9	4	3	2	1				
4	1	2						5
				2		6	4	8
			4	3	7	2	1	
8		6		4				7

SUDOKU - 148

								9
6	4	9	3				7	
		1					5	
				6				3
		7				6		
8	6	3						5
2		8	7			5		
			6			2		
	5		8	2	1	3	4	7

SUDOKU - 149

	9		6					2
				9				
	8		7	4		5	9	
	1		2	8	5			
	6	7		3		8		5
5	4				6			
			4	5			6	7
							4	
	7	6						3

SUDOKU - 150

	1	6			5			9
			3		4	6		1
		9	2		1	3		
1					9			
9	6		4					
	3			1		7	9	
	7	1			3		2	
			9	2				
2	9	4		8			3	

SUDOKU - 151

	2		6		1		8	3
					7			
	7				2			1
					3			
	4					8		7
7			4		9			
	6	4						
	1		3		4	6		
8			1	6				4

SUDOKU - 152

					1		8	
8		9	3					
							3	
7		8	1					
					7			
			4			3		8
			7			8		
	5		2			1		9
2	8		9			7		

SUDOKU - 153

		8	6	7	4			
3			8					6
6		7		3				1
				6	8			
		9					7	
8			9			2		
2		6	5		3	1	9	
		3						5
				8		3		4

SUDOKU - 154

		8					7	
3	2	5			6		8	
	6	7		8		9		2
		3				6		
6				1				
							2	4
	8					7		
	7	4			3		9	8
				9	8			

SUDOKU - 155

	4						6	2
8								
	2				4		1	8
3				7		5		
9	5		4					
					5		8	
	3		5	9	8			
2								9
			2		7		5	3

SUDOKU - 156

1						8		
7					6	5		
	5	9		8		4	6	
6				3		7		5
	8	7						
			9					
	2			1				
8	7		5					4
4		5		6	2	9		

SUDOKU - 157

3		2	6			9		8
6	5				8	2		7
					2			
		6		9	3	4		
					7		5	
7	4		2				8	1
4	8				1			
	2		3	8	6			
				7				

SUDOKU - 158

	4	9				2		7
			8		4			9
	5		2	3				6
4	2	7						
		1		9		6	2	
		3	1	4			7	
	7			2		8		
8	3	4						
					7		4	5

SUDOKU - 159

	3	6		2				1
2						5	3	9
								2
	5		6	1	7	3	2	8
	1	7	8					
5	2	9	1			8		
4	8			5				
		1	2	8		9	5	3

SUDOKU - 160

8	1					3	5	
2	9		7	1				4
	3		5	9				7
9			6	5				
3	6							
				3				2
	7			8				
	2	3		6			7	8
	8				2		4	

SUDOKU - 161

3		7	8	6			9	5
	2			7		1		
		6			9	4		
2		1						
		4			8		2	
5			4	9	6	3		2
				8			5	4
	3	9	5	1		7		8

SUDOKU - 162

	2	5	8	6				
	3	7						6
		6	4					7
5		9				3		4
			7					5
	4	1	2					8
		4	3	8				
							3	
7							6	

SUDOKU - 163

	1	5	8			9	3	
			5	2				
				9		5		
						7	8	
	4			8				
			1				6	
5					2			
3	7						9	
		4	3				7	5

SUDOKU - 164

2								
1	8		7			5		
					1		7	
			3	9			2	8
		5		8		6		
	2							
			5	2		4		
	5	3	8					
8	6	2						3

SUDOKU - 165

5		2	8				4	
				3				8
		8	9	5	4			
	5	6	4					1
3							9	2
					2		3	
		1		2	7			
				6	9	1	2	
				4		3		7

SUDOKU - 166

	6			4				
							8	6
	1	2	6	5			7	
		8			6			5
	5	9	3		1			
2								
	8		5	6	4			
	2	4						
5						1		4

SUDOKU - 167

			2					9
		6	9		5	1	4	
	4		1	6				
	6				4			5
		7						6
	5			9		8		4
	8	5		2		4	9	
	9	4		7				
1		2	4			6		

SUDOKU - 168

			8	4				
		2	9	7				
			6	2	5		9	7
7			1					
2	4	5			8			
			4			5		
				8	6		1	
6								5

SUDOKU - 169

	5	3	8					
7	2		1					
					9		5	
				2		6		
					5			
5				1			2	
		7		3	6			9
	8		2	9		4		6
			4	8			3	

SUDOKU - 170

1				4			8	5
	8	5	6					3
			8					
	5		7	8	4		9	2
2					3			
							5	
5		4				1	6	
	1	7	4	9	6		2	
					1			4

SUDOKU - 171

	4				7			
7		1			5			
			6	2	8	4		1
5			8	3				6
6						3		
3		7	9	5		8		
			2			5		8
		2	5		3	1		4
4							6	

SUDOKU - 172

6	4	8	2				1	
	5				4			2
	1							
								1
4	3			8	2		7	
					1	8		3
		2	5	9		7		
	9				7			
		4	6	1	3			9

SUDOKU - 173

		3		4	5	8		
		6						
	4			8				
3					6		4	
	2	7		5				6
6			1		8			
4							2	1
	6		8					5
	3				4	6		7

SUDOKU - 174

		4				9		
9	2						7	
3			6					4
		9	5		3		8	
	7			4	8			
			2	6	1	4	9	
		5			6		2	
8				2		5		1
		2			5		6	8

SUDOKU - 175

	5	4	3		2			7
			9		6		5	
6			5					8
			7					
2	1		4					5
			6		3		1	
						8	2	6
						3		
		1		6				9

SUDOKU - 176

		6	8			2		
						8		4
8	5		9			3		
		5	7	3			9	
	6		4	2	5			
		3				5		1
				4		9	2	6
				9				
	2			6	3		7	

SUDOKU - 177

5		9			7			
			9					
	6					9		
			3	7	4	5		
6			2	1			8	
3		1		9			2	
8	1	2			9			3
		5					9	
9	4	6		2			5	

SUDOKU - 178

	3					8		
	2		1	8	4	3	6	9
		6	9					
9		7		3		1		
				1	5	9		6
2			7	4			3	
5				6		4		7
	7					2		3
						6		5

SUDOKU - 179

		5	4	3	2	9	6	
		4			7			
			6	8	1		5	
	4	7					3	
9		1				4		
		6						9
4							8	
		3						
6	7	8		4	5			

SUDOKU - 180

9			1				7	
	3	7	6			5	8	
					3			
		2			4			
8		5	2		6			
4								5
7			3		8	4		
3		9					1	2
	4			5		7		

SUDOKU - 181

2				4	5			
			2	8		5		
	5			6	3	2	1	
	1	7					8	
	8	9					7	
							3	
		6			9		5	
		5			6	3		4
8		3		1				

SUDOKU - 182

			5	3	9		1	8
			7		2			3
	9	3	6	5	4	1		
7					1		6	
	1			2			4	
6	8		9		5			
1	3							
	4			7		9	8	6

SUDOKU - 183

	2		9					
				6	3		8	2
6							1	
				8	2			
	8		3					
5	3	2				4		
2				9				7
	7		8			1		
	1			3	7			

SUDOKU - 184

		8	7		6		5	
9	3		8		5		6	
7			2			8		
8	7					6		2
				5				
			1	7	2			8
					4	1	2	
3	1							

SUDOKU - 185

6		8	1		5		3	
2			6				8	
5		3			4			
	8				2	1	7	
4		1		3	8			
7	6			5				
9	5	4					2	
						3		8
			2		9		5	

SUDOKU - 186

				8		3	6	
	8							
6			2	7	9		5	
						5	9	3
	9					2	1	
			9	3				
		4	1				7	
		9				1		
			4		8	6		5

SUDOKU - 187

2		1		3	5			
5	9	8				6		
	6					7		
6			8			5		
	3			9	4	2		
	1						8	4
	8	6		5				3
4		9	3					
	2	3	4		8	9		

SUDOKU - 188

		3						6
	1	2	5	4		7	3	
	6	8		7	1			9
1		4					7	
	8	7				9		
3						8		
								5
			4		3			
7			9				2	

SUDOKU - 189

				2				
3			6		9	1	8	
	6	9			1		4	
2		7				8		
6	1					9		2
	9		2	1	8	6	7	
8	3	4			2			5
9	7		8	5		3	1	
1	5		7				2	

SUDOKU - 190

6		7						
1	4			3			9	2
	9	5	2	6				
								4
		3						6
	5							3
	1		3	8				
		6	9	5	2	3		
					1		8	7

SUDOKU - 191

	1	6		2	5			
2	7	3					1	4
						9		
4			6					
	9	1	5	4	2	6	7	
		7	3		1			
3	2					7		5
			2	5		4		6
	6						2	

SUDOKU - 192

			6	8				1
		7		4	1	9		
		1						4
		5				1		
	7				2			5
					8	7		
1	2		9		7			3
6		4	3			8		
7				1		2		

SUDOKU - 193

7								2
			9		2			
2		5	8			9	6	
6			7				2	
		7		1				
						3		9
		1		2			3	
	6	9				2		
	7				6		9	

SUDOKU - 194

			7					4
		8		3				2
3						6		
	9			8			1	7
		3		4			8	6
								3
1	3	9	4	6	2			8
	2		3					1
4				1		3		

SUDOKU - 195

						6		
	8		2					
7	3		5	9	6	1	2	8
		8						1
	2			5	9			
	4		6					9
				4		3	8	
		1		6	5		4	2
4	6	3	9		8		1	5

SUDOKU - 196

	9				6		8	
8		4	1			6		2
2			9				1	5
	2		7					
	1		4				5	
6	8			2			7	3
	4					9		
								1
				1			4	7

SUDOKU - 197

	1					9		
9			7					
3	4		1					
		9		7	8	1		
	7	6		1				
							4	
5	9				4		1	
1			5		7	6	2	
				8				7

SUDOKU - 198

					6		9	
							8	2
	9	1		8				
6			8			5	2	
1		5				4	6	
8			4					
	6			4	8		5	
	3			2	9	8	1	
		8	3			2	4	

SUDOKU - 199

9		5			4			
4			7					
	3	1		6				7
	8		5					
3		7				2	9	5
5			2	4			6	
			1		7			9
	9		4		8		1	
		3			2		7	

SUDOKU - 200

7	8				3			4
								3
2	3		5	9	8			
	5						1	
		6			5	7	4	
4	7		1			3	8	5
		2		8				
			2			4		
						5	9	2

SUDOKU - 201

		5		6	3	1		
						5	4	
					4	6		
		4		7				
						3		
			9					4
6			1	5	8	4	7	3
		1	3	2	7	9		

SUDOKU - 202

			9			3	1	
		3	1				9	8
5	9		4			6		
		5		7				9
								3
	8	9	2	3		1		7
		8				9		
								1
		2			8	7	4	

SUDOKU - 203

9			1		3		7	6
3	7	6						8
		8	4	6	7		9	
	3							9
1		2	7	9			3	
8				4			5	
						7		1
						8		
7	8			3		9		5

SUDOKU - 204

5	7			6	9			
4	9	3		8		5		
	1		7				8	
	4			3		7		
		6			7	1		
	3		4			6		
8			9		3		5	
		4					3	2
	6				5	8	7	

SUDOKU - 1 (Solution)

8	7	5	6	9	3	2	1	4
4	6	2	1	5	7	3	9	8
9	3	1	8	2	4	5	7	6
7	9	3	2	8	5	4	6	1
6	1	4	3	7	9	8	5	2
2	5	8	4	1	6	7	3	9
3	8	6	5	4	1	9	2	7
5	2	9	7	6	8	1	4	3
1	4	7	9	3	2	6	8	5

SUDOKU - 2 (Solution)

1	3	7	9	2	6	8	5	4
5	2	8	1	7	4	9	3	6
6	9	4	8	3	5	7	1	2
4	6	1	3	9	8	2	7	5
2	5	3	7	6	1	4	9	8
8	7	9	5	4	2	1	6	3
9	8	6	2	1	3	5	4	7
7	4	2	6	5	9	3	8	1
3	1	5	4	8	7	6	2	9

SUDOKU - 3 (Solution)

3	1	4	8	6	7	2	9	5
6	5	9	2	4	1	7	8	3
8	2	7	9	5	3	1	6	4
7	9	5	1	3	8	6	4	2
4	8	2	6	7	5	3	1	9
1	6	3	4	2	9	5	7	8
9	4	6	5	1	2	8	3	7
5	3	8	7	9	6	4	2	1
2	7	1	3	8	4	9	5	6

SUDOKU - 4 (Solution)

9	5	7	6	8	3	4	1	2
3	6	1	7	4	2	9	8	5
8	4	2	5	1	9	6	7	3
7	9	8	2	5	4	1	3	6
5	1	3	8	7	6	2	4	9
4	2	6	3	9	1	8	5	7
1	3	5	9	2	8	7	6	4
6	8	9	4	3	7	5	2	1
2	7	4	1	6	5	3	9	8

SUDOKU - 5 (Solution)

2	7	3	5	1	8	6	9	4
6	8	1	3	9	4	5	2	7
4	5	9	7	6	2	3	8	1
9	4	5	6	2	1	8	7	3
1	2	7	4	8	3	9	6	5
8	3	6	9	7	5	1	4	2
7	9	2	1	5	6	4	3	8
5	6	4	8	3	7	2	1	9
3	1	8	2	4	9	7	5	6

SUDOKU - 6 (Solution)

5	2	8	9	3	4	1	6	7
1	7	3	8	2	6	5	4	9
6	4	9	1	7	5	8	3	2
8	5	1	2	4	9	6	7	3
4	6	2	7	8	3	9	5	1
9	3	7	6	5	1	4	2	8
3	9	4	5	1	2	7	8	6
2	8	6	4	9	7	3	1	5
7	1	5	3	6	8	2	9	4

SUDOKU - 7 (Solution)

6	5	9	4	7	1	2	3	8
1	8	7	2	9	3	6	4	5
2	4	3	5	8	6	7	1	9
3	2	6	7	1	8	5	9	4
8	1	4	9	5	2	3	7	6
7	9	5	3	6	4	1	8	2
4	6	2	1	3	9	8	5	7
9	7	1	8	2	5	4	6	3
5	3	8	6	4	7	9	2	1

SUDOKU - 8 (Solution)

2	1	5	9	4	3	8	6	7
4	3	8	6	1	7	9	5	2
7	6	9	5	8	2	4	1	3
9	4	2	1	3	5	6	7	8
1	5	6	2	7	8	3	4	9
3	8	7	4	9	6	1	2	5
6	9	3	7	2	4	5	8	1
5	7	1	8	6	9	2	3	4
8	2	4	3	5	1	7	9	6

SUDOKU - 9 (Solution)

1	2	8	7	4	6	3	9	5
7	6	3	9	8	5	1	4	2
9	5	4	2	1	3	8	7	6
2	7	9	8	6	4	5	1	3
6	3	1	5	2	7	4	8	9
4	8	5	3	9	1	2	6	7
8	4	7	6	5	2	9	3	1
5	9	6	1	3	8	7	2	4
3	1	2	4	7	9	6	5	8

SUDOKU - 10 (Solution)

7	6	1	3	2	8	5	9	4
4	3	2	7	5	9	6	8	1
9	8	5	1	4	6	3	7	2
8	9	3	2	1	5	7	4	6
1	5	6	8	7	4	9	2	3
2	7	4	6	9	3	8	1	5
6	2	8	9	3	1	4	5	7
3	4	7	5	8	2	1	6	9
5	1	9	4	6	7	2	3	8

SUDOKU - 11 (Solution)

7	3	8	1	4	5	9	6	2
4	6	2	3	9	8	5	1	7
1	5	9	7	6	2	8	4	3
5	2	4	8	1	3	6	7	9
9	8	3	2	7	6	1	5	4
6	1	7	9	5	4	2	3	8
8	7	5	6	3	9	4	2	1
2	4	1	5	8	7	3	9	6
3	9	6	4	2	1	7	8	5

SUDOKU - 12 (Solution)

4	8	1	9	3	6	2	5	7
6	2	3	1	5	7	8	9	4
7	5	9	4	2	8	1	3	6
9	6	8	5	7	2	3	4	1
2	1	5	8	4	3	7	6	9
3	4	7	6	1	9	5	2	8
8	3	4	7	9	5	6	1	2
5	9	6	2	8	1	4	7	3
1	7	2	3	6	4	9	8	5

SUDOKU - 13 (Solution)

1	2	8	9	5	3	4	7	6
5	7	3	8	4	6	1	9	2
4	9	6	1	2	7	3	5	8
2	8	7	3	6	5	9	4	1
3	4	1	2	8	9	5	6	7
9	6	5	7	1	4	8	2	3
7	1	2	5	9	8	6	3	4
6	3	9	4	7	1	2	8	5
8	5	4	6	3	2	7	1	9

SUDOKU - 14 (Solution)

7	2	4	6	3	5	9	8	1
5	6	1	4	9	8	2	3	7
9	3	8	7	2	1	5	4	6
8	1	3	9	7	4	6	2	5
4	5	7	1	6	2	3	9	8
6	9	2	8	5	3	7	1	4
1	7	5	2	8	9	4	6	3
3	8	9	5	4	6	1	7	2
2	4	6	3	1	7	8	5	9

SUDOKU - 15 (Solution)

3	4	1	5	2	9	7	6	8
2	5	6	3	7	8	9	1	4
8	7	9	6	1	4	5	2	3
6	3	8	4	9	5	2	7	1
7	2	5	8	6	1	3	4	9
1	9	4	7	3	2	6	8	5
5	6	3	1	4	7	8	9	2
4	8	2	9	5	6	1	3	7
9	1	7	2	8	3	4	5	6

SUDOKU - 16 (Solution)

7	4	3	1	5	6	2	8	9
5	8	1	7	2	9	6	3	4
9	2	6	8	3	4	7	1	5
6	7	9	3	1	8	5	4	2
4	5	8	6	9	2	3	7	1
3	1	2	5	4	7	9	6	8
8	6	5	2	7	1	4	9	3
2	9	7	4	8	3	1	5	6
1	3	4	9	6	5	8	2	7

SUDOKU - 17 (Solution)

1	9	3	4	5	6	8	2	7
6	7	5	2	1	8	3	4	9
4	8	2	9	7	3	1	5	6
5	4	6	8	2	9	7	1	3
7	1	9	3	6	5	4	8	2
2	3	8	1	4	7	9	6	5
8	6	1	7	3	2	5	9	4
9	2	7	5	8	4	6	3	1
3	5	4	6	9	1	2	7	8

SUDOKU - 18 (Solution)

6	5	9	1	8	7	4	2	3
3	4	1	2	5	9	6	7	8
8	2	7	3	4	6	1	9	5
2	3	6	9	1	5	8	4	7
1	9	8	7	3	4	5	6	2
5	7	4	8	6	2	3	1	9
7	6	5	4	2	8	9	3	1
4	1	2	5	9	3	7	8	6
9	8	3	6	7	1	2	5	4

SUDOKU - 19 (Solution)

2	8	3	6	5	4	9	7	1
9	5	7	1	8	3	4	2	6
4	1	6	2	9	7	3	5	8
3	9	2	8	1	5	6	4	7
6	7	1	3	4	9	5	8	2
8	4	5	7	6	2	1	9	3
5	3	8	9	7	6	2	1	4
1	6	4	5	2	8	7	3	9
7	2	9	4	3	1	8	6	5

SUDOKU - 20 (Solution)

3	9	2	5	6	4	1	7	8
4	5	7	3	1	8	6	9	2
6	8	1	7	9	2	5	3	4
9	1	6	2	5	3	4	8	7
8	2	4	1	7	6	9	5	3
5	7	3	8	4	9	2	1	6
7	6	5	4	3	1	8	2	9
1	4	8	9	2	7	3	6	5
2	3	9	6	8	5	7	4	1

SUDOKU - 21 (Solution)

9	1	4	7	6	2	3	8	5
3	7	8	9	5	4	2	6	1
2	5	6	1	3	8	7	4	9
5	9	7	3	1	6	4	2	8
1	6	2	8	4	9	5	3	7
4	8	3	2	7	5	9	1	6
8	2	1	5	9	3	6	7	4
6	3	5	4	8	7	1	9	2
7	4	9	6	2	1	8	5	3

SUDOKU - 22 (Solution)

6	9	4	8	2	5	3	1	7
8	7	2	3	4	1	9	6	5
1	5	3	7	6	9	8	2	4
2	6	9	5	3	7	1	4	8
4	8	1	2	9	6	5	7	3
7	3	5	1	8	4	2	9	6
3	4	8	9	7	2	6	5	1
5	2	6	4	1	3	7	8	9
9	1	7	6	5	8	4	3	2

SUDOKU - 23 (Solution)

8	7	3	4	6	2	5	1	9
6	1	9	5	8	3	7	2	4
2	4	5	7	9	1	8	3	6
4	2	6	8	3	7	9	5	1
1	5	7	2	4	9	6	8	3
9	3	8	6	1	5	4	7	2
5	6	2	3	7	4	1	9	8
3	9	4	1	5	8	2	6	7
7	8	1	9	2	6	3	4	5

SUDOKU - 24 (Solution)

4	8	1	3	2	7	9	5	6
6	7	2	4	9	5	3	8	1
9	3	5	1	6	8	4	2	7
8	5	3	9	7	2	6	1	4
7	6	4	5	3	1	8	9	2
2	1	9	8	4	6	7	3	5
5	2	6	7	8	9	1	4	3
1	4	8	6	5	3	2	7	9
3	9	7	2	1	4	5	6	8

SUDOKU - 25 (Solution)

6	2	9	8	7	1	5	3	4
7	4	8	3	5	9	1	2	6
1	3	5	4	2	6	9	8	7
5	6	2	7	1	4	3	9	8
3	9	4	2	8	5	7	6	1
8	1	7	9	6	3	2	4	5
4	5	6	1	9	2	8	7	3
9	7	1	6	3	8	4	5	2
2	8	3	5	4	7	6	1	9

SUDOKU - 26 (Solution)

3	1	5	9	4	2	8	7	6
9	8	7	3	6	1	2	4	5
6	4	2	7	8	5	9	3	1
8	2	6	1	5	7	3	9	4
7	3	9	4	2	6	5	1	8
1	5	4	8	9	3	6	2	7
4	7	8	5	3	9	1	6	2
2	9	1	6	7	8	4	5	3
5	6	3	2	1	4	7	8	9

SUDOKU - 27 (Solution)

2	8	5	6	4	1	9	7	3
4	7	9	3	8	2	5	1	6
6	1	3	7	5	9	4	2	8
3	4	6	5	1	7	2	8	9
9	5	7	4	2	8	6	3	1
8	2	1	9	6	3	7	5	4
5	6	8	1	7	4	3	9	2
7	3	2	8	9	6	1	4	5
1	9	4	2	3	5	8	6	7

SUDOKU - 28 (Solution)

2	6	5	3	8	1	7	4	9
1	9	4	7	5	2	8	3	6
7	8	3	9	6	4	2	5	1
5	4	2	6	7	3	9	1	8
8	1	7	4	9	5	6	2	3
9	3	6	1	2	8	4	7	5
6	2	1	8	3	7	5	9	4
3	5	9	2	4	6	1	8	7
4	7	8	5	1	9	3	6	2

SUDOKU - 29 (Solution)

5	6	9	1	7	2	3	4	8
8	3	7	9	6	4	1	5	2
1	2	4	3	8	5	9	7	6
4	8	5	2	9	7	6	3	1
7	9	2	6	1	3	5	8	4
3	1	6	4	5	8	2	9	7
9	4	1	7	3	6	8	2	5
2	5	3	8	4	1	7	6	9
6	7	8	5	2	9	4	1	3

SUDOKU - 30 (Solution)

7	9	2	5	8	6	3	4	1
6	1	4	3	2	7	9	8	5
5	3	8	1	9	4	7	2	6
4	8	3	2	6	1	5	9	7
9	2	7	8	3	5	6	1	4
1	6	5	4	7	9	8	3	2
3	5	1	7	4	8	2	6	9
2	7	6	9	1	3	4	5	8
8	4	9	6	5	2	1	7	3

SUDOKU - 31 (Solution)

8	1	4	6	7	9	3	2	5
5	6	3	4	2	1	9	8	7
7	2	9	8	3	5	6	1	4
6	3	8	9	4	2	5	7	1
1	9	5	3	8	7	2	4	6
4	7	2	5	1	6	8	3	9
9	8	1	7	5	3	4	6	2
3	5	7	2	6	4	1	9	8
2	4	6	1	9	8	7	5	3

SUDOKU - 32 (Solution)

3	9	7	1	8	2	5	6	4
5	1	4	9	6	7	8	3	2
6	2	8	5	3	4	1	9	7
2	6	1	7	9	5	3	4	8
9	8	5	4	2	3	6	7	1
4	7	3	6	1	8	2	5	9
1	3	9	8	4	6	7	2	5
7	4	2	3	5	1	9	8	6
8	5	6	2	7	9	4	1	3

SUDOKU - 33 (Solution)

4	1	5	7	3	8	9	2	6
2	6	3	5	4	9	7	1	8
9	8	7	1	2	6	3	4	5
8	5	6	9	7	1	2	3	4
1	7	2	3	6	4	5	8	9
3	9	4	2	8	5	6	7	1
6	3	8	4	5	2	1	9	7
5	2	1	8	9	7	4	6	3
7	4	9	6	1	3	8	5	2

SUDOKU - 34 (Solution)

5	6	9	4	7	3	1	8	2
8	1	3	2	6	5	4	7	9
2	4	7	1	8	9	3	6	5
6	5	2	7	9	4	8	1	3
4	7	1	5	3	8	2	9	6
9	3	8	6	1	2	5	4	7
3	8	6	9	5	1	7	2	4
1	9	4	3	2	7	6	5	8
7	2	5	8	4	6	9	3	1

SUDOKU - 35 (Solution)

9	5	8	2	3	4	1	6	7
3	4	1	5	6	7	2	8	9
7	2	6	8	1	9	5	3	4
2	9	3	1	5	6	7	4	8
4	6	5	7	2	8	9	1	3
1	8	7	4	9	3	6	2	5
8	3	9	6	7	1	4	5	2
6	7	2	3	4	5	8	9	1
5	1	4	9	8	2	3	7	6

SUDOKU - 36 (Solution)

3	5	8	9	1	7	2	4	6
2	6	7	4	3	8	9	1	5
1	9	4	6	2	5	3	8	7
7	8	5	1	6	9	4	2	3
6	1	3	7	4	2	8	5	9
4	2	9	5	8	3	7	6	1
9	3	1	8	5	4	6	7	2
8	7	6	2	9	1	5	3	4
5	4	2	3	7	6	1	9	8

SUDOKU - 37 (Solution)

4	1	5	8	7	6	9	3	2
3	9	6	2	5	1	8	4	7
2	8	7	9	3	4	1	6	5
1	4	3	7	2	9	5	8	6
7	5	9	4	6	8	3	2	1
6	2	8	5	1	3	4	7	9
5	3	4	6	9	7	2	1	8
9	6	1	3	8	2	7	5	4
8	7	2	1	4	5	6	9	3

SUDOKU - 38 (Solution)

1	7	5	6	8	9	4	3	2
4	6	9	3	1	2	5	8	7
2	3	8	4	5	7	1	6	9
9	5	6	8	4	1	7	2	3
8	2	3	9	7	5	6	4	1
7	1	4	2	3	6	8	9	5
5	9	2	1	6	8	3	7	4
3	8	7	5	9	4	2	1	6
6	4	1	7	2	3	9	5	8

SUDOKU - 39 (Solution)

7	9	4	6	2	1	3	5	8
8	2	6	9	5	3	4	7	1
3	5	1	8	7	4	9	2	6
9	6	2	1	8	7	5	3	4
1	3	5	2	4	6	8	9	7
4	7	8	5	3	9	6	1	2
5	8	9	7	6	2	1	4	3
6	4	7	3	1	5	2	8	9
2	1	3	4	9	8	7	6	5

SUDOKU - 40 (Solution)

6	7	9	5	4	3	8	2	1
4	8	3	9	1	2	7	6	5
5	1	2	7	8	6	9	3	4
7	9	5	4	6	1	3	8	2
3	4	8	2	5	9	6	1	7
1	2	6	3	7	8	5	4	9
8	6	4	1	9	5	2	7	3
9	3	1	6	2	7	4	5	8
2	5	7	8	3	4	1	9	6

SUDOKU - 41 (Solution)

8	3	5	4	7	2	6	1	9
1	9	2	6	8	5	4	7	3
7	6	4	9	1	3	8	2	5
3	8	1	2	4	7	9	5	6
4	5	9	3	6	1	2	8	7
2	7	6	5	9	8	1	3	4
6	1	7	8	3	4	5	9	2
9	2	8	7	5	6	3	4	1
5	4	3	1	2	9	7	6	8

SUDOKU - 42 (Solution)

1	8	9	5	4	7	3	6	2
7	5	2	3	1	6	8	9	4
4	3	6	2	8	9	1	5	7
9	1	4	7	2	3	6	8	5
2	7	8	1	6	5	4	3	9
3	6	5	4	9	8	2	7	1
8	2	7	9	3	1	5	4	6
6	9	1	8	5	4	7	2	3
5	4	3	6	7	2	9	1	8

SUDOKU - 43 (Solution)

5	3	1	6	7	8	9	2	4
6	8	7	4	2	9	3	1	5
4	9	2	3	1	5	6	8	7
8	4	9	1	6	2	5	7	3
7	1	3	9	5	4	2	6	8
2	6	5	8	3	7	1	4	9
1	7	4	2	9	3	8	5	6
3	5	6	7	8	1	4	9	2
9	2	8	5	4	6	7	3	1

SUDOKU - 44 (Solution)

1	7	9	4	8	2	3	5	6
2	8	3	5	7	6	1	4	9
5	6	4	1	9	3	8	7	2
8	1	5	9	2	4	7	6	3
7	9	2	6	3	8	4	1	5
4	3	6	7	1	5	9	2	8
9	5	7	3	6	1	2	8	4
6	2	1	8	4	9	5	3	7
3	4	8	2	5	7	6	9	1

SUDOKU - 45 (Solution)

5	6	3	7	8	4	2	9	1
4	1	8	5	2	9	3	6	7
9	2	7	1	3	6	4	5	8
2	5	9	6	1	7	8	4	3
6	8	1	2	4	3	9	7	5
3	7	4	8	9	5	6	1	2
8	3	5	4	6	1	7	2	9
1	4	2	9	7	8	5	3	6
7	9	6	3	5	2	1	8	4

SUDOKU - 46 (Solution)

8	1	4	9	6	2	7	3	5
6	7	3	4	5	1	8	9	2
2	5	9	8	3	7	1	6	4
9	8	7	1	4	5	3	2	6
4	2	6	3	8	9	5	7	1
1	3	5	2	7	6	4	8	9
7	4	2	5	9	8	6	1	3
5	6	1	7	2	3	9	4	8
3	9	8	6	1	4	2	5	7

SUDOKU - 47 (Solution)

3	7	2	5	4	6	1	9	8
9	6	5	8	3	1	4	7	2
1	8	4	2	9	7	3	5	6
5	1	7	9	6	8	2	3	4
2	4	6	7	1	3	5	8	9
8	3	9	4	2	5	6	1	7
7	5	1	6	8	4	9	2	3
6	9	8	3	5	2	7	4	1
4	2	3	1	7	9	8	6	5

SUDOKU - 48 (Solution)

1	8	4	5	7	9	3	2	6
2	6	3	4	8	1	9	5	7
9	5	7	3	6	2	8	4	1
6	3	2	7	5	8	1	9	4
7	9	8	1	2	4	5	6	3
4	1	5	6	9	3	2	7	8
8	7	1	2	4	5	6	3	9
5	4	9	8	3	6	7	1	2
3	2	6	9	1	7	4	8	5

SUDOKU - 49 (Solution)

9	8	5	3	7	4	2	1	6
2	7	4	6	1	9	3	5	8
6	3	1	8	5	2	7	4	9
3	1	6	2	4	5	9	8	7
5	2	9	7	6	8	4	3	1
8	4	7	9	3	1	6	2	5
4	6	3	1	8	7	5	9	2
7	9	8	5	2	3	1	6	4
1	5	2	4	9	6	8	7	3

SUDOKU - 50 (Solution)

7	2	9	8	1	3	5	4	6
6	3	8	2	5	4	7	1	9
4	5	1	7	6	9	3	2	8
2	9	5	3	8	7	4	6	1
3	7	4	6	2	1	8	9	5
8	1	6	9	4	5	2	3	7
9	6	2	5	3	8	1	7	4
5	4	3	1	7	6	9	8	2
1	8	7	4	9	2	6	5	3

SUDOKU - 51 (Solution)

8	9	7	4	3	2	6	5	1
3	1	6	9	7	5	2	8	4
5	2	4	8	1	6	7	9	3
7	4	1	5	6	9	3	2	8
2	5	3	1	8	7	9	4	6
9	6	8	3	2	4	1	7	5
6	3	9	7	4	8	5	1	2
4	7	2	6	5	1	8	3	9
1	8	5	2	9	3	4	6	7

SUDOKU - 52 (Solution)

4	8	1	9	3	7	2	6	5
5	9	6	2	8	4	3	1	7
2	3	7	6	1	5	9	8	4
7	6	2	3	9	8	4	5	1
8	4	9	7	5	1	6	3	2
3	1	5	4	6	2	8	7	9
9	2	3	5	7	6	1	4	8
1	5	4	8	2	3	7	9	6
6	7	8	1	4	9	5	2	3

SUDOKU - 53 (Solution)

4	3	9	7	6	2	8	1	5
7	1	5	4	8	9	6	3	2
6	8	2	3	5	1	7	9	4
1	2	7	5	9	8	3	4	6
9	6	8	2	3	4	5	7	1
3	5	4	1	7	6	2	8	9
2	4	6	8	1	3	9	5	7
5	9	3	6	4	7	1	2	8
8	7	1	9	2	5	4	6	3

SUDOKU - 54 (Solution)

7	1	6	2	5	4	3	8	9
9	2	5	8	6	3	1	4	7
8	3	4	1	7	9	6	2	5
4	6	3	7	2	8	9	5	1
2	8	1	6	9	5	7	3	4
5	7	9	4	3	1	2	6	8
6	4	8	3	1	7	5	9	2
3	5	7	9	8	2	4	1	6
1	9	2	5	4	6	8	7	3

SUDOKU - 55 (Solution)

1	2	9	6	5	4	3	7	8
6	5	7	9	3	8	2	1	4
8	3	4	7	1	2	6	5	9
7	9	3	5	6	1	4	8	2
2	8	6	3	4	7	1	9	5
5	4	1	8	2	9	7	3	6
4	7	5	1	9	6	8	2	3
3	1	2	4	8	5	9	6	7
9	6	8	2	7	3	5	4	1

SUDOKU - 56 (Solution)

7	3	6	4	5	9	8	2	1
5	1	4	7	2	8	9	6	3
9	2	8	3	6	1	5	7	4
6	4	3	5	8	2	1	9	7
8	9	7	1	3	4	2	5	6
1	5	2	9	7	6	3	4	8
2	8	1	6	9	7	4	3	5
4	6	5	2	1	3	7	8	9
3	7	9	8	4	5	6	1	2

SUDOKU - 57 (Solution)

2	9	7	3	8	4	6	1	5
4	1	6	9	7	5	3	8	2
8	3	5	6	2	1	9	4	7
6	4	9	5	1	2	8	7	3
7	2	8	4	6	3	5	9	1
3	5	1	8	9	7	4	2	6
1	8	4	7	3	6	2	5	9
5	7	3	2	4	9	1	6	8
9	6	2	1	5	8	7	3	4

SUDOKU - 58 (Solution)

5	3	8	1	2	6	7	4	9
1	9	4	7	3	8	2	6	5
6	2	7	9	5	4	1	8	3
7	1	5	8	6	9	4	3	2
4	8	9	2	7	3	5	1	6
3	6	2	5	4	1	9	7	8
2	5	6	4	8	7	3	9	1
8	4	1	3	9	2	6	5	7
9	7	3	6	1	5	8	2	4

SUDOKU - 59 (Solution)

7	2	6	1	9	3	4	8	5
8	5	1	6	2	4	7	9	3
4	9	3	5	7	8	6	2	1
3	1	4	2	6	7	9	5	8
2	6	9	8	1	5	3	7	4
5	8	7	3	4	9	2	1	6
9	4	8	7	3	1	5	6	2
1	3	2	9	5	6	8	4	7
6	7	5	4	8	2	1	3	9

SUDOKU - 60 (Solution)

3	7	2	6	4	9	1	5	8
6	4	9	1	8	5	3	2	7
8	1	5	3	2	7	6	4	9
7	5	6	2	1	3	8	9	4
4	3	1	7	9	8	5	6	2
2	9	8	5	6	4	7	1	3
9	2	3	8	5	1	4	7	6
1	8	4	9	7	6	2	3	5
5	6	7	4	3	2	9	8	1

SUDOKU - 61 (Solution)

4	7	3	1	6	8	2	9	5
6	9	1	4	2	5	3	7	8
5	2	8	9	3	7	4	1	6
9	3	7	6	1	2	5	8	4
8	1	6	5	9	4	7	3	2
2	4	5	8	7	3	1	6	9
7	6	9	2	4	1	8	5	3
1	8	4	3	5	9	6	2	7
3	5	2	7	8	6	9	4	1

SUDOKU - 62 (Solution)

1	6	7	9	5	8	3	2	4
8	9	4	7	2	3	6	1	5
3	5	2	6	4	1	9	7	8
6	3	1	5	7	4	2	8	9
4	7	9	1	8	2	5	6	3
5	2	8	3	9	6	1	4	7
2	4	3	8	6	5	7	9	1
7	1	6	4	3	9	8	5	2
9	8	5	2	1	7	4	3	6

SUDOKU - 63 (Solution)

6	3	1	8	9	2	5	4	7
8	2	4	7	1	5	9	3	6
7	9	5	3	6	4	1	8	2
2	7	3	4	8	9	6	5	1
4	6	8	5	7	1	3	2	9
1	5	9	6	2	3	4	7	8
3	8	2	9	4	6	7	1	5
9	4	7	1	5	8	2	6	3
5	1	6	2	3	7	8	9	4

SUDOKU - 64 (Solution)

8	4	9	2	5	7	6	1	3
6	7	5	1	4	3	9	8	2
3	2	1	6	9	8	4	5	7
7	8	6	3	2	4	1	9	5
1	3	4	5	6	9	7	2	8
5	9	2	8	7	1	3	4	6
4	5	3	9	8	6	2	7	1
9	1	8	7	3	2	5	6	4
2	6	7	4	1	5	8	3	9

SUDOKU - 65 (Solution)

4	8	3	7	1	9	2	6	5
6	5	1	3	8	2	7	4	9
9	7	2	4	5	6	1	8	3
1	6	8	9	4	5	3	2	7
2	9	4	1	7	3	6	5	8
5	3	7	2	6	8	4	9	1
8	2	5	6	3	7	9	1	4
7	1	9	8	2	4	5	3	6
3	4	6	5	9	1	8	7	2

SUDOKU - 66 (Solution)

3	4	1	2	6	7	5	9	8
7	5	2	9	1	8	3	4	6
6	9	8	4	3	5	2	7	1
1	2	4	7	5	9	8	6	3
5	6	9	3	8	1	4	2	7
8	7	3	6	2	4	9	1	5
4	8	7	1	9	3	6	5	2
9	3	6	5	7	2	1	8	4
2	1	5	8	4	6	7	3	9

SUDOKU - 67 (Solution)

7	1	4	5	2	6	3	8	9
3	2	5	4	8	9	6	1	7
6	9	8	1	7	3	2	4	5
9	3	6	2	4	7	8	5	1
2	8	7	6	1	5	9	3	4
5	4	1	3	9	8	7	2	6
1	5	3	7	6	2	4	9	8
8	7	2	9	5	4	1	6	3
4	6	9	8	3	1	5	7	2

SUDOKU - 68 (Solution)

9	8	4	7	1	6	5	3	2
6	7	2	3	9	5	8	4	1
1	5	3	4	8	2	6	7	9
4	9	1	6	2	3	7	5	8
8	6	5	1	4	7	9	2	3
2	3	7	9	5	8	1	6	4
5	1	9	2	7	4	3	8	6
3	4	8	5	6	1	2	9	7
7	2	6	8	3	9	4	1	5

SUDOKU - 69 (Solution)

4	5	8	1	3	6	7	2	9
2	6	3	5	7	9	4	8	1
9	1	7	4	8	2	6	3	5
6	3	4	8	2	1	9	5	7
1	7	9	6	5	3	8	4	2
5	8	2	7	9	4	1	6	3
8	9	5	3	6	7	2	1	4
7	4	6	2	1	5	3	9	8
3	2	1	9	4	8	5	7	6

SUDOKU - 70 (Solution)

1	8	4	9	3	2	6	7	5
9	7	3	4	6	5	8	2	1
6	2	5	7	1	8	9	3	4
4	6	2	8	7	3	1	5	9
3	5	8	6	9	1	7	4	2
7	1	9	2	5	4	3	6	8
2	9	7	5	8	6	4	1	3
5	3	6	1	4	9	2	8	7
8	4	1	3	2	7	5	9	6

SUDOKU - 71 (Solution)

7	6	1	5	9	8	2	3	4
9	2	5	7	3	4	8	6	1
8	3	4	1	6	2	5	7	9
5	9	6	8	4	7	3	1	2
2	1	8	3	5	6	9	4	7
3	4	7	2	1	9	6	8	5
6	5	2	4	8	1	7	9	3
1	7	9	6	2	3	4	5	8
4	8	3	9	7	5	1	2	6

SUDOKU - 72 (Solution)

4	8	3	6	9	7	2	5	1
1	7	6	2	4	5	3	9	8
9	5	2	8	1	3	7	4	6
6	1	8	7	3	9	4	2	5
7	3	4	5	8	2	1	6	9
2	9	5	1	6	4	8	7	3
3	6	7	9	2	8	5	1	4
5	4	9	3	7	1	6	8	2
8	2	1	4	5	6	9	3	7

SUDOKU - 73 (Solution)

6	2	7	8	1	5	9	4	3
8	9	5	7	4	3	1	6	2
3	4	1	6	2	9	7	8	5
2	5	8	4	3	1	6	7	9
9	3	4	5	6	7	8	2	1
7	1	6	9	8	2	5	3	4
1	6	9	2	7	4	3	5	8
4	7	3	1	5	8	2	9	6
5	8	2	3	9	6	4	1	7

SUDOKU - 74 (Solution)

4	3	7	1	8	6	2	5	9
5	8	1	4	9	2	3	7	6
2	6	9	7	3	5	8	4	1
7	4	8	6	5	3	9	1	2
9	1	6	2	4	8	5	3	7
3	2	5	9	1	7	4	6	8
6	7	4	5	2	9	1	8	3
1	9	3	8	7	4	6	2	5
8	5	2	3	6	1	7	9	4

SUDOKU - 75 (Solution)

1	2	4	7	6	9	3	8	5
5	7	8	2	3	1	6	9	4
6	3	9	5	8	4	7	1	2
4	9	2	6	1	7	5	3	8
8	6	5	4	9	3	1	2	7
7	1	3	8	5	2	9	4	6
3	5	6	9	2	8	4	7	1
9	8	7	1	4	6	2	5	3
2	4	1	3	7	5	8	6	9

SUDOKU - 76 (Solution)

5	4	7	2	6	1	9	8	3
3	9	8	7	4	5	6	1	2
1	2	6	3	8	9	5	7	4
4	1	2	6	3	7	8	9	5
6	5	3	9	1	8	4	2	7
8	7	9	5	2	4	3	6	1
9	6	4	1	5	2	7	3	8
7	8	1	4	9	3	2	5	6
2	3	5	8	7	6	1	4	9

SUDOKU - 77 (Solution)

8	3	7	1	4	9	2	6	5
5	6	2	3	7	8	4	9	1
1	4	9	2	6	5	7	8	3
2	1	8	7	9	4	5	3	6
4	7	6	8	5	3	9	1	2
9	5	3	6	1	2	8	7	4
7	8	1	5	2	6	3	4	9
3	9	5	4	8	1	6	2	7
6	2	4	9	3	7	1	5	8

SUDOKU - 78 (Solution)

2	9	4	6	8	7	5	1	3
3	7	6	9	1	5	8	2	4
8	1	5	3	4	2	9	7	6
5	2	9	4	6	3	7	8	1
6	8	3	7	5	1	4	9	2
7	4	1	2	9	8	6	3	5
9	6	8	1	2	4	3	5	7
4	3	2	5	7	9	1	6	8
1	5	7	8	3	6	2	4	9

SUDOKU - 79 (Solution)

6	1	3	5	2	4	8	7	9
2	5	4	9	7	8	1	6	3
8	9	7	6	1	3	4	2	5
7	8	9	3	6	5	2	4	1
3	6	5	1	4	2	9	8	7
4	2	1	7	8	9	5	3	6
9	4	6	2	5	7	3	1	8
5	7	2	8	3	1	6	9	4
1	3	8	4	9	6	7	5	2

SUDOKU - 80 (Solution)

6	1	4	3	9	5	7	2	8
9	2	7	6	1	8	5	4	3
5	8	3	4	7	2	9	1	6
4	9	5	8	6	7	2	3	1
7	3	1	2	5	4	8	6	9
2	6	8	1	3	9	4	5	7
3	7	9	5	4	6	1	8	2
8	4	6	7	2	1	3	9	5
1	5	2	9	8	3	6	7	4

SUDOKU - 81 (Solution)

7	5	4	3	1	9	6	8	2
9	3	2	5	8	6	1	4	7
6	1	8	4	2	7	5	3	9
5	7	6	9	3	2	8	1	4
4	2	9	8	6	1	7	5	3
1	8	3	7	5	4	2	9	6
3	6	1	2	4	8	9	7	5
2	4	7	1	9	5	3	6	8
8	9	5	6	7	3	4	2	1

SUDOKU - 82 (Solution)

2	5	4	6	8	1	9	7	3
9	1	6	3	5	7	8	4	2
3	7	8	9	2	4	1	5	6
5	6	2	7	9	3	4	1	8
8	9	3	4	1	5	2	6	7
1	4	7	2	6	8	5	3	9
7	8	9	1	4	6	3	2	5
6	2	1	5	3	9	7	8	4
4	3	5	8	7	2	6	9	1

SUDOKU - 83 (Solution)

3	5	1	6	2	8	9	7	4
9	2	4	3	7	5	6	8	1
6	7	8	9	1	4	3	2	5
1	8	5	7	3	2	4	6	9
4	6	3	5	8	9	2	1	7
2	9	7	4	6	1	5	3	8
7	1	9	2	4	3	8	5	6
8	4	2	1	5	6	7	9	3
5	3	6	8	9	7	1	4	2

SUDOKU - 84 (Solution)

3	9	2	6	4	5	1	8	7
4	5	7	9	1	8	2	6	3
8	6	1	2	7	3	9	5	4
6	3	9	8	5	2	4	7	1
1	7	8	4	9	6	5	3	2
2	4	5	7	3	1	6	9	8
5	8	6	1	2	7	3	4	9
9	1	3	5	8	4	7	2	6
7	2	4	3	6	9	8	1	5

SUDOKU - 85 (Solution)

3	5	8	2	9	1	4	6	7
1	7	6	3	8	4	5	2	9
9	2	4	7	6	5	1	8	3
2	6	1	9	4	3	7	5	8
5	8	9	1	2	7	6	3	4
4	3	7	6	5	8	9	1	2
6	4	3	8	1	9	2	7	5
7	1	5	4	3	2	8	9	6
8	9	2	5	7	6	3	4	1

SUDOKU - 86 (Solution)

9	2	3	8	1	5	6	7	4
5	1	4	6	7	3	8	9	2
7	8	6	9	2	4	5	1	3
3	4	2	1	9	6	7	8	5
8	9	1	5	3	7	2	4	6
6	5	7	4	8	2	9	3	1
4	3	5	7	6	9	1	2	8
2	7	8	3	5	1	4	6	9
1	6	9	2	4	8	3	5	7

SUDOKU - 87 (Solution)

9	8	1	3	5	4	6	7	2
6	2	5	9	7	8	3	4	1
3	7	4	6	1	2	9	5	8
2	9	8	1	4	7	5	3	6
1	6	3	5	2	9	4	8	7
5	4	7	8	3	6	2	1	9
4	5	6	7	9	1	8	2	3
8	1	2	4	6	3	7	9	5
7	3	9	2	8	5	1	6	4

SUDOKU - 88 (Solution)

1	3	6	2	5	9	8	7	4
4	2	5	7	8	6	3	9	1
7	9	8	3	4	1	6	2	5
6	1	3	9	2	4	7	5	8
5	7	2	6	3	8	4	1	9
9	8	4	5	1	7	2	6	3
8	4	7	1	9	2	5	3	6
3	6	1	8	7	5	9	4	2
2	5	9	4	6	3	1	8	7

SUDOKU - 89 (Solution)

2	4	5	7	1	9	6	3	8
1	7	8	4	3	6	2	5	9
6	3	9	8	2	5	7	4	1
5	1	6	9	8	2	3	7	4
7	9	4	3	5	1	8	6	2
8	2	3	6	4	7	1	9	5
3	6	1	5	9	8	4	2	7
4	5	2	1	7	3	9	8	6
9	8	7	2	6	4	5	1	3

SUDOKU - 90 (Solution)

3	4	9	2	5	6	1	8	7
6	2	1	7	9	8	3	5	4
8	7	5	3	1	4	6	2	9
9	8	2	1	3	5	7	4	6
5	3	7	6	4	9	8	1	2
1	6	4	8	7	2	9	3	5
4	5	8	9	6	3	2	7	1
7	9	3	4	2	1	5	6	8
2	1	6	5	8	7	4	9	3

SUDOKU - 91 (Solution)

5	8	3	1	2	6	7	9	4
6	9	1	8	4	7	2	5	3
7	4	2	3	5	9	6	8	1
1	5	9	4	7	8	3	6	2
2	6	8	5	3	1	9	4	7
3	7	4	6	9	2	5	1	8
8	1	5	7	6	3	4	2	9
4	2	7	9	8	5	1	3	6
9	3	6	2	1	4	8	7	5

SUDOKU - 92 (Solution)

4	6	8	7	3	9	5	2	1
3	7	5	1	4	2	8	6	9
9	1	2	8	5	6	3	7	4
6	5	1	2	7	4	9	8	3
2	8	9	3	1	5	6	4	7
7	3	4	6	9	8	2	1	5
5	9	6	4	2	7	1	3	8
8	4	3	9	6	1	7	5	2
1	2	7	5	8	3	4	9	6

SUDOKU - 93 (Solution)

7	5	3	6	1	9	8	4	2
9	2	8	7	4	3	6	5	1
6	1	4	5	8	2	9	3	7
5	8	6	9	2	4	1	7	3
4	7	9	3	5	1	2	8	6
2	3	1	8	6	7	4	9	5
8	6	7	1	9	5	3	2	4
3	9	2	4	7	6	5	1	8
1	4	5	2	3	8	7	6	9

SUDOKU - 94 (Solution)

5	6	3	2	9	7	4	8	1
7	4	8	5	3	1	9	6	2
2	9	1	4	8	6	5	7	3
3	8	4	6	1	9	7	2	5
6	5	9	3	7	2	8	1	4
1	2	7	8	4	5	6	3	9
4	1	6	7	5	3	2	9	8
8	3	2	9	6	4	1	5	7
9	7	5	1	2	8	3	4	6

SUDOKU - 95 (Solution)

9	6	7	2	1	8	3	4	5
3	1	8	6	4	5	7	9	2
4	2	5	7	3	9	1	6	8
5	3	6	8	7	2	9	1	4
2	8	1	3	9	4	6	5	7
7	4	9	1	5	6	8	2	3
8	9	4	5	6	3	2	7	1
6	7	2	4	8	1	5	3	9
1	5	3	9	2	7	4	8	6

SUDOKU - 96 (Solution)

4	6	3	1	8	7	9	2	5
2	5	9	3	6	4	1	7	8
1	7	8	5	9	2	6	3	4
8	4	6	7	2	3	5	1	9
5	2	7	8	1	9	3	4	6
3	9	1	4	5	6	2	8	7
6	8	2	9	7	1	4	5	3
7	1	4	6	3	5	8	9	2
9	3	5	2	4	8	7	6	1

SUDOKU - 97 (Solution)

6	2	1	4	8	7	9	5	3
9	4	3	2	6	5	1	7	8
7	8	5	1	9	3	6	4	2
1	7	9	5	2	6	3	8	4
3	6	2	7	4	8	5	1	9
8	5	4	3	1	9	7	2	6
2	1	7	6	3	4	8	9	5
4	9	6	8	5	1	2	3	7
5	3	8	9	7	2	4	6	1

SUDOKU - 98 (Solution)

1	7	8	2	4	6	3	5	9
2	4	9	7	5	3	8	6	1
6	5	3	8	1	9	2	7	4
5	8	1	9	7	4	6	3	2
4	9	2	6	3	8	5	1	7
3	6	7	5	2	1	4	9	8
8	3	6	4	9	7	1	2	5
7	1	5	3	8	2	9	4	6
9	2	4	1	6	5	7	8	3

SUDOKU - 99 (Solution)

4	5	1	2	6	7	3	8	9
9	2	8	5	4	3	1	7	6
3	7	6	8	9	1	4	5	2
1	3	9	4	8	6	5	2	7
2	4	5	7	1	9	8	6	3
8	6	7	3	5	2	9	4	1
7	8	3	1	2	5	6	9	4
5	9	2	6	3	4	7	1	8
6	1	4	9	7	8	2	3	5

SUDOKU - 100 (Solution)

8	1	2	7	9	4	6	5	3
4	9	3	5	6	2	1	7	8
6	5	7	8	1	3	9	2	4
3	7	5	4	2	6	8	1	9
1	2	8	9	3	7	4	6	5
9	4	6	1	5	8	7	3	2
5	6	4	3	7	9	2	8	1
2	8	1	6	4	5	3	9	7
7	3	9	2	8	1	5	4	6

SUDOKU - 101 (Solution)

7	8	6	3	5	4	9	1	2
4	5	3	1	9	2	6	7	8
9	1	2	7	6	8	3	5	4
1	4	5	2	8	9	7	3	6
3	6	7	5	4	1	2	8	9
8	2	9	6	7	3	1	4	5
6	7	8	9	3	5	4	2	1
5	9	1	4	2	7	8	6	3
2	3	4	8	1	6	5	9	7

SUDOKU - 102 (Solution)

3	8	5	9	7	4	1	2	6
4	6	9	5	2	1	7	8	3
7	2	1	3	8	6	5	4	9
8	9	7	4	5	2	3	6	1
2	4	3	6	1	7	9	5	8
1	5	6	8	9	3	4	7	2
9	3	2	7	6	5	8	1	4
6	7	8	1	4	9	2	3	5
5	1	4	2	3	8	6	9	7

SUDOKU - 103 (Solution)

1	9	5	8	2	6	7	4	3
8	6	7	3	4	9	2	1	5
4	3	2	1	5	7	9	8	6
5	7	1	4	3	8	6	2	9
6	8	4	7	9	2	3	5	1
9	2	3	5	6	1	4	7	8
7	4	9	6	8	5	1	3	2
3	5	6	2	1	4	8	9	7
2	1	8	9	7	3	5	6	4

SUDOKU - 104 (Solution)

8	3	4	1	2	9	5	7	6
2	7	1	3	6	5	8	9	4
9	5	6	7	8	4	2	3	1
3	1	9	6	4	2	7	5	8
4	6	5	8	3	7	9	1	2
7	8	2	5	9	1	4	6	3
5	4	8	9	1	3	6	2	7
1	2	7	4	5	6	3	8	9
6	9	3	2	7	8	1	4	5

SUDOKU - 105 (Solution)

7	5	4	1	6	3	8	9	2
8	3	2	5	7	9	6	4	1
9	1	6	4	8	2	7	3	5
6	8	3	9	5	1	4	2	7
2	7	1	6	3	4	5	8	9
4	9	5	8	2	7	1	6	3
5	4	9	3	1	8	2	7	6
3	6	7	2	4	5	9	1	8
1	2	8	7	9	6	3	5	4

SUDOKU - 106 (Solution)

1	2	7	5	3	6	9	4	8
3	8	4	7	1	9	2	6	5
9	5	6	4	2	8	7	1	3
2	6	1	9	5	3	4	8	7
5	4	8	1	7	2	6	3	9
7	9	3	8	6	4	1	5	2
8	7	5	6	9	1	3	2	4
4	1	2	3	8	7	5	9	6
6	3	9	2	4	5	8	7	1

SUDOKU - 107 (Solution)

7	1	9	3	5	6	2	8	4
4	3	6	2	7	8	5	9	1
2	8	5	9	4	1	6	7	3
5	4	3	6	1	7	8	2	9
8	6	7	4	9	2	3	1	5
9	2	1	8	3	5	7	4	6
1	5	4	7	2	3	9	6	8
6	9	2	5	8	4	1	3	7
3	7	8	1	6	9	4	5	2

SUDOKU - 108 (Solution)

6	3	7	4	5	2	9	8	1
4	8	5	7	9	1	3	6	2
2	9	1	8	3	6	7	5	4
3	4	2	6	7	8	1	9	5
1	6	9	2	4	5	8	7	3
5	7	8	3	1	9	4	2	6
8	2	4	9	6	3	5	1	7
9	5	3	1	2	7	6	4	8
7	1	6	5	8	4	2	3	9

SUDOKU - 109 (Solution)

5	3	9	2	1	8	4	7	6
1	6	8	5	7	4	2	9	3
7	2	4	6	3	9	8	5	1
8	5	6	3	2	7	1	4	9
9	7	1	8	4	5	3	6	2
3	4	2	1	9	6	7	8	5
6	1	5	4	8	3	9	2	7
4	9	3	7	6	2	5	1	8
2	8	7	9	5	1	6	3	4

SUDOKU - 110 (Solution)

1	7	8	4	9	3	6	5	2
5	6	2	1	7	8	3	4	9
3	4	9	6	2	5	7	8	1
9	5	4	2	8	7	1	3	6
7	3	6	9	4	1	5	2	8
8	2	1	3	5	6	4	9	7
2	8	3	7	1	4	9	6	5
4	1	5	8	6	9	2	7	3
6	9	7	5	3	2	8	1	4

SUDOKU - 111 (Solution)

2	6	4	5	7	3	1	8	9
1	8	5	2	4	9	3	6	7
3	7	9	1	8	6	5	2	4
8	9	2	4	6	5	7	3	1
5	4	3	8	1	7	2	9	6
7	1	6	9	3	2	8	4	5
6	2	7	3	5	4	9	1	8
4	3	1	7	9	8	6	5	2
9	5	8	6	2	1	4	7	3

SUDOKU - 112 (Solution)

2	6	8	7	1	5	3	9	4
4	3	9	6	2	8	5	7	1
1	5	7	4	3	9	2	6	8
9	4	2	1	6	3	7	8	5
7	1	5	9	8	4	6	3	2
3	8	6	5	7	2	4	1	9
5	7	1	2	9	6	8	4	3
6	2	3	8	4	1	9	5	7
8	9	4	3	5	7	1	2	6

SUDOKU - 113 (Solution)

5	2	1	8	9	3	4	6	7
3	6	8	2	7	4	5	9	1
7	4	9	1	6	5	2	8	3
9	3	7	4	5	8	6	1	2
4	1	2	7	3	6	8	5	9
8	5	6	9	1	2	3	7	4
6	7	4	5	2	1	9	3	8
1	8	5	3	4	9	7	2	6
2	9	3	6	8	7	1	4	5

SUDOKU - 114 (Solution)

7	3	5	8	9	6	2	1	4
2	9	1	3	5	4	6	7	8
8	6	4	1	7	2	3	5	9
9	5	8	4	1	3	7	2	6
4	2	7	6	8	5	1	9	3
3	1	6	7	2	9	4	8	5
6	7	2	5	3	8	9	4	1
1	8	3	9	4	7	5	6	2
5	4	9	2	6	1	8	3	7

SUDOKU - 115 (Solution)

1	5	2	7	8	4	6	3	9
6	8	7	5	9	3	4	1	2
9	4	3	2	6	1	5	8	7
5	9	8	1	2	7	3	6	4
7	1	6	3	4	9	2	5	8
2	3	4	8	5	6	7	9	1
4	6	1	9	7	5	8	2	3
8	7	9	6	3	2	1	4	5
3	2	5	4	1	8	9	7	6

SUDOKU - 116 (Solution)

4	7	1	8	3	6	2	9	5
3	8	6	5	2	9	1	4	7
2	5	9	7	4	1	3	8	6
7	4	5	2	6	8	9	1	3
6	2	3	1	9	4	7	5	8
9	1	8	3	5	7	4	6	2
8	3	7	4	1	5	6	2	9
1	6	2	9	8	3	5	7	4
5	9	4	6	7	2	8	3	1

SUDOKU - 117 (Solution)

5	4	6	9	3	7	1	2	8
2	3	9	1	6	8	4	7	5
7	1	8	2	5	4	9	6	3
8	9	3	4	7	5	6	1	2
6	7	1	3	8	2	5	9	4
4	5	2	6	9	1	3	8	7
1	8	4	5	2	6	7	3	9
9	6	7	8	4	3	2	5	1
3	2	5	7	1	9	8	4	6

SUDOKU - 118 (Solution)

9	6	5	7	8	1	2	4	3
3	4	1	9	2	5	6	7	8
8	7	2	4	6	3	5	1	9
7	8	9	6	5	2	4	3	1
2	1	6	8	3	4	7	9	5
5	3	4	1	7	9	8	2	6
6	5	3	2	9	7	1	8	4
1	2	8	3	4	6	9	5	7
4	9	7	5	1	8	3	6	2

SUDOKU - 119 (Solution)

8	6	5	7	9	3	1	4	2
3	4	9	2	6	1	5	7	8
1	2	7	8	4	5	6	3	9
4	8	3	9	1	6	7	2	5
6	5	1	3	2	7	8	9	4
9	7	2	4	5	8	3	1	6
2	3	8	5	7	9	4	6	1
7	9	6	1	8	4	2	5	3
5	1	4	6	3	2	9	8	7

SUDOKU - 120 (Solution)

4	7	1	2	3	8	9	5	6
9	8	3	7	5	6	4	1	2
6	5	2	4	9	1	8	3	7
1	4	7	8	6	5	2	9	3
2	6	9	3	4	7	5	8	1
8	3	5	9	1	2	7	6	4
5	9	6	1	7	4	3	2	8
7	1	8	5	2	3	6	4	9
3	2	4	6	8	9	1	7	5

SUDOKU - 121 (Solution)

3	2	9	4	5	1	8	6	7
1	7	8	2	9	6	4	5	3
4	5	6	7	3	8	9	1	2
2	4	7	8	6	3	1	9	5
8	3	5	1	2	9	6	7	4
6	9	1	5	7	4	2	3	8
5	8	3	9	1	2	7	4	6
9	6	4	3	8	7	5	2	1
7	1	2	6	4	5	3	8	9

SUDOKU - 122 (Solution)

8	5	4	3	2	7	9	6	1
7	1	6	5	4	9	2	8	3
9	2	3	6	8	1	4	7	5
1	8	5	9	6	2	3	4	7
6	3	7	8	1	4	5	2	9
2	4	9	7	5	3	6	1	8
4	7	2	1	9	5	8	3	6
5	6	1	2	3	8	7	9	4
3	9	8	4	7	6	1	5	2

SUDOKU - 123 (Solution)

1	5	8	9	4	7	3	6	2
6	2	4	8	3	1	7	9	5
3	9	7	6	2	5	1	4	8
9	8	5	2	7	6	4	3	1
4	6	2	5	1	3	9	8	7
7	3	1	4	9	8	2	5	6
8	7	9	3	5	2	6	1	4
5	1	3	7	6	4	8	2	9
2	4	6	1	8	9	5	7	3

SUDOKU - 124 (Solution)

5	9	7	6	8	1	4	2	3
6	4	3	9	2	5	7	1	8
8	1	2	7	3	4	6	9	5
1	5	4	8	7	2	9	3	6
3	8	6	4	5	9	1	7	2
2	7	9	3	1	6	5	8	4
9	3	5	2	4	7	8	6	1
7	2	1	5	6	8	3	4	9
4	6	8	1	9	3	2	5	7

SUDOKU - 125 (Solution)

8	3	7	1	5	2	6	9	4
5	6	2	4	9	3	7	1	8
9	4	1	8	7	6	5	2	3
1	9	5	7	6	4	3	8	2
6	8	4	2	3	9	1	7	5
7	2	3	5	1	8	9	4	6
3	5	8	9	2	1	4	6	7
4	1	6	3	8	7	2	5	9
2	7	9	6	4	5	8	3	1

SUDOKU - 126 (Solution)

4	6	5	8	7	2	1	9	3
9	1	2	3	6	5	4	7	8
3	7	8	1	9	4	2	6	5
2	3	1	5	8	7	9	4	6
6	8	9	2	4	1	3	5	7
7	5	4	6	3	9	8	1	2
5	4	7	9	2	3	6	8	1
1	2	6	4	5	8	7	3	9
8	9	3	7	1	6	5	2	4

SUDOKU - 127 (Solution)

7	3	2	4	9	8	5	1	6
1	5	4	3	7	6	9	8	2
8	6	9	1	2	5	4	7	3
4	9	1	2	8	3	6	5	7
3	8	7	5	6	9	2	4	1
5	2	6	7	1	4	3	9	8
2	7	5	9	3	1	8	6	4
9	1	8	6	4	2	7	3	5
6	4	3	8	5	7	1	2	9

SUDOKU - 128 (Solution)

9	4	7	3	6	8	1	2	5
6	5	3	2	4	1	9	7	8
8	1	2	7	9	5	3	6	4
3	2	4	1	5	6	7	8	9
1	6	9	8	2	7	4	5	3
7	8	5	9	3	4	2	1	6
4	9	8	6	7	2	5	3	1
5	7	6	4	1	3	8	9	2
2	3	1	5	8	9	6	4	7

SUDOKU - 129 (Solution)

3	6	7	8	9	5	4	1	2
5	2	1	4	6	3	7	9	8
8	4	9	2	1	7	5	3	6
9	3	8	5	2	6	1	4	7
7	5	4	3	8	1	6	2	9
2	1	6	7	4	9	3	8	5
1	9	3	6	5	8	2	7	4
6	8	2	1	7	4	9	5	3
4	7	5	9	3	2	8	6	1

SUDOKU - 130 (Solution)

9	2	8	3	5	7	4	6	1
7	3	1	9	6	4	8	5	2
6	5	4	2	1	8	9	3	7
2	1	9	6	8	3	5	7	4
8	7	3	5	4	1	2	9	6
4	6	5	7	9	2	1	8	3
5	9	2	4	7	6	3	1	8
1	4	7	8	3	5	6	2	9
3	8	6	1	2	9	7	4	5

SUDOKU - 131 (Solution)

3	7	4	6	5	2	9	8	1
9	8	2	3	4	1	6	7	5
1	6	5	9	8	7	4	3	2
8	3	7	2	1	9	5	6	4
5	9	6	7	3	4	2	1	8
4	2	1	5	6	8	3	9	7
7	1	3	4	2	6	8	5	9
2	5	9	8	7	3	1	4	6
6	4	8	1	9	5	7	2	3

SUDOKU - 132 (Solution)

9	1	4	7	5	3	8	2	6
7	2	5	8	9	6	4	3	1
6	8	3	1	4	2	7	9	5
1	6	8	4	3	9	5	7	2
4	5	9	6	2	7	1	8	3
3	7	2	5	1	8	6	4	9
8	3	1	9	6	4	2	5	7
5	9	7	2	8	1	3	6	4
2	4	6	3	7	5	9	1	8

SUDOKU - 133 (Solution)

4	6	1	7	3	2	8	5	9
8	9	5	1	4	6	7	3	2
2	3	7	9	8	5	1	6	4
3	5	4	2	1	9	6	8	7
1	8	2	4	6	7	5	9	3
9	7	6	3	5	8	2	4	1
6	1	3	8	2	4	9	7	5
7	4	8	5	9	1	3	2	6
5	2	9	6	7	3	4	1	8

SUDOKU - 134 (Solution)

9	2	5	6	4	1	7	8	3
6	8	1	9	3	7	4	2	5
4	7	3	5	8	2	6	9	1
2	4	6	3	7	8	5	1	9
7	1	8	4	5	9	2	3	6
3	5	9	2	1	6	8	7	4
5	9	2	8	6	3	1	4	7
1	3	4	7	2	5	9	6	8
8	6	7	1	9	4	3	5	2

SUDOKU - 135 (Solution)

8	9	5	4	6	1	2	7	3
6	4	7	5	2	3	8	9	1
3	2	1	7	8	9	6	5	4
5	8	3	9	4	7	1	6	2
9	6	4	3	1	2	5	8	7
7	1	2	8	5	6	3	4	9
1	5	6	2	7	4	9	3	8
2	7	9	6	3	8	4	1	5
4	3	8	1	9	5	7	2	6

SUDOKU - 136 (Solution)

9	1	7	6	8	4	5	3	2
8	3	2	1	5	9	7	4	6
4	6	5	3	7	2	9	1	8
3	4	9	8	2	6	1	5	7
2	8	1	5	3	7	6	9	4
5	7	6	9	4	1	8	2	3
7	2	8	4	1	5	3	6	9
6	5	3	2	9	8	4	7	1
1	9	4	7	6	3	2	8	5

SUDOKU - 137 (Solution)

5	6	9	1	7	2	3	4	8
3	7	2	9	4	8	1	5	6
8	4	1	3	6	5	7	2	9
9	8	3	4	1	7	2	6	5
1	2	6	8	5	9	4	7	3
7	5	4	6	2	3	8	9	1
6	1	7	5	8	4	9	3	2
2	3	8	7	9	6	5	1	4
4	9	5	2	3	1	6	8	7

SUDOKU - 138 (Solution)

8	9	1	4	2	7	5	3	6
5	7	3	8	1	6	4	9	2
2	6	4	5	3	9	7	1	8
7	1	2	6	8	4	3	5	9
9	5	8	3	7	1	2	6	4
3	4	6	2	9	5	8	7	1
1	3	9	7	4	2	6	8	5
4	8	5	1	6	3	9	2	7
6	2	7	9	5	8	1	4	3

SUDOKU - 139 (Solution)

5	9	4	6	3	2	8	7	1
8	1	2	7	9	5	6	3	4
6	7	3	8	4	1	2	9	5
7	3	6	2	5	4	1	8	9
9	8	5	1	6	3	4	2	7
2	4	1	9	8	7	3	5	6
4	2	9	3	7	6	5	1	8
1	5	7	4	2	8	9	6	3
3	6	8	5	1	9	7	4	2

SUDOKU - 140 (Solution)

7	3	1	9	8	2	6	5	4
5	9	8	4	7	6	3	2	1
6	4	2	1	5	3	7	8	9
8	1	6	5	3	9	4	7	2
3	2	5	7	1	4	8	9	6
9	7	4	6	2	8	1	3	5
2	5	7	8	4	1	9	6	3
4	6	3	2	9	7	5	1	8
1	8	9	3	6	5	2	4	7

SUDOKU - 141 (Solution)

9	7	2	6	8	4	1	3	5
5	1	3	7	2	9	4	6	8
4	8	6	3	5	1	7	9	2
7	3	5	4	6	8	9	2	1
2	9	4	5	1	3	6	8	7
1	6	8	9	7	2	5	4	3
8	2	7	1	4	6	3	5	9
3	4	1	8	9	5	2	7	6
6	5	9	2	3	7	8	1	4

SUDOKU - 142 (Solution)

2	1	7	4	8	5	9	3	6
4	6	5	3	7	9	1	8	2
8	9	3	2	1	6	7	5	4
7	3	8	1	2	4	5	6	9
9	2	1	5	6	7	8	4	3
6	5	4	8	9	3	2	7	1
3	7	9	6	5	2	4	1	8
5	8	6	9	4	1	3	2	7
1	4	2	7	3	8	6	9	5

SUDOKU - 143 (Solution)

7	3	4	6	2	5	9	8	1
5	8	6	9	3	1	4	2	7
9	2	1	8	4	7	3	5	6
3	5	7	4	9	8	1	6	2
2	4	9	1	5	6	8	7	3
6	1	8	3	7	2	5	4	9
1	9	2	5	6	4	7	3	8
8	7	5	2	1	3	6	9	4
4	6	3	7	8	9	2	1	5

SUDOKU - 144 (Solution)

5	8	9	7	3	4	1	2	6
3	6	4	8	2	1	7	5	9
1	7	2	5	6	9	4	8	3
7	9	8	6	5	2	3	4	1
2	1	3	9	4	8	6	7	5
6	4	5	1	7	3	2	9	8
9	2	1	3	8	7	5	6	4
8	5	7	4	1	6	9	3	2
4	3	6	2	9	5	8	1	7

SUDOKU - 145 (Solution)

5	9	4	6	7	3	2	1	8
1	2	7	4	5	8	9	6	3
3	6	8	1	2	9	5	7	4
2	5	6	3	4	7	1	8	9
9	7	3	5	8	1	6	4	2
8	4	1	2	9	6	7	3	5
6	3	2	8	1	5	4	9	7
7	8	5	9	6	4	3	2	1
4	1	9	7	3	2	8	5	6

SUDOKU - 146 (Solution)

8	5	6	2	9	7	1	3	4
2	4	3	5	6	1	7	8	9
7	1	9	3	4	8	5	2	6
3	8	2	4	5	9	6	1	7
9	6	5	1	7	3	2	4	8
1	7	4	8	2	6	3	9	5
5	9	8	7	1	2	4	6	3
4	3	1	6	8	5	9	7	2
6	2	7	9	3	4	8	5	1

SUDOKU - 147 (Solution)

2	5	8	7	6	9	4	3	1
7	6	1	3	5	4	9	8	2
9	4	3	2	1	8	7	5	6
4	1	2	8	9	6	3	7	5
3	9	7	5	2	1	6	4	8
6	8	5	4	3	7	2	1	9
5	7	4	9	8	2	1	6	3
8	2	6	1	4	3	5	9	7
1	3	9	6	7	5	8	2	4

SUDOKU - 148 (Solution)

7	2	5	4	1	6	8	3	9
6	4	9	3	8	5	1	7	2
3	8	1	9	7	2	4	5	6
4	1	2	5	6	9	7	8	3
5	9	7	1	3	8	6	2	4
8	6	3	2	4	7	9	1	5
2	3	8	7	9	4	5	6	1
1	7	4	6	5	3	2	9	8
9	5	6	8	2	1	3	4	7

SUDOKU - 149 (Solution)

7	9	5	6	1	3	4	8	2
6	2	4	5	9	8	7	3	1
3	8	1	7	4	2	5	9	6
9	1	3	2	8	5	6	7	4
2	6	7	9	3	4	8	1	5
5	4	8	1	7	6	3	2	9
8	3	2	4	5	1	9	6	7
1	5	9	3	6	7	2	4	8
4	7	6	8	2	9	1	5	3

SUDOKU - 150 (Solution)

3	1	6	8	7	5	2	4	9
7	2	5	3	9	4	6	8	1
8	4	9	2	6	1	3	5	7
1	5	8	7	3	9	4	6	2
9	6	7	4	5	2	8	1	3
4	3	2	6	1	8	7	9	5
6	7	1	5	4	3	9	2	8
5	8	3	9	2	6	1	7	4
2	9	4	1	8	7	5	3	6

SUDOKU - 151 (Solution)

9	2	5	6	4	1	7	8	3
6	8	1	9	3	7	4	5	2
4	7	3	8	5	2	9	6	1
1	5	6	7	8	3	2	4	9
2	4	9	5	1	6	8	3	7
7	3	8	4	2	9	5	1	6
3	6	4	2	9	8	1	7	5
5	1	2	3	7	4	6	9	8
8	9	7	1	6	5	3	2	4

SUDOKU - 152 (Solution)

4	3	5	6	9	1	2	8	7
8	1	9	3	7	2	4	5	6
6	7	2	5	4	8	9	3	1
7	2	8	1	3	5	6	9	4
9	4	3	8	6	7	5	1	2
5	6	1	4	2	9	3	7	8
1	9	4	7	5	6	8	2	3
3	5	7	2	8	4	1	6	9
2	8	6	9	1	3	7	4	5

SUDOKU - 153 (Solution)

1	9	8	6	7	4	5	3	2
3	5	2	8	1	9	7	4	6
6	4	7	2	3	5	9	8	1
7	2	1	3	6	8	4	5	9
5	3	9	4	2	1	6	7	8
8	6	4	9	5	7	2	1	3
2	8	6	5	4	3	1	9	7
4	7	3	1	9	2	8	6	5
9	1	5	7	8	6	3	2	4

SUDOKU - 154 (Solution)

9	1	8	4	5	2	3	7	6
3	2	5	9	7	6	4	8	1
4	6	7	3	8	1	9	5	2
8	9	3	2	4	5	6	1	7
6	4	2	8	1	7	5	3	9
7	5	1	6	3	9	8	2	4
5	8	9	1	2	4	7	6	3
1	7	4	5	6	3	2	9	8
2	3	6	7	9	8	1	4	5

SUDOKU - 155 (Solution)

1	4	7	8	5	9	3	6	2
8	6	9	1	2	3	7	4	5
5	2	3	7	6	4	9	1	8
3	8	1	6	7	2	5	9	4
9	5	6	4	8	1	2	3	7
4	7	2	9	3	5	6	8	1
7	3	4	5	9	8	1	2	6
2	1	5	3	4	6	8	7	9
6	9	8	2	1	7	4	5	3

SUDOKU - 156 (Solution)

1	6	4	2	5	9	8	7	3
7	3	8	1	4	6	5	9	2
2	5	9	3	8	7	4	6	1
6	9	1	4	3	8	7	2	5
5	8	7	6	2	1	3	4	9
3	4	2	9	7	5	1	8	6
9	2	3	7	1	4	6	5	8
8	7	6	5	9	3	2	1	4
4	1	5	8	6	2	9	3	7

SUDOKU - 157 (Solution)

3	7	2	6	5	4	9	1	8
6	5	4	9	1	8	2	3	7
8	9	1	7	3	2	5	6	4
5	1	6	8	9	3	4	7	2
2	3	8	1	4	7	6	5	9
7	4	9	2	6	5	3	8	1
4	8	3	5	2	1	7	9	6
9	2	7	3	8	6	1	4	5
1	6	5	4	7	9	8	2	3

SUDOKU - 158 (Solution)

3	4	9	5	6	1	2	8	7
2	1	6	8	7	4	3	5	9
7	5	8	2	3	9	4	1	6
4	2	7	6	5	8	9	3	1
5	8	1	7	9	3	6	2	4
6	9	3	1	4	2	5	7	8
1	7	5	4	2	6	8	9	3
8	3	4	9	1	5	7	6	2
9	6	2	3	8	7	1	4	5

SUDOKU - 159 (Solution)

7	3	6	5	2	9	4	8	1
2	4	8	7	6	1	5	3	9
1	9	5	4	3	8	7	6	2
8	6	2	3	9	5	1	7	4
9	5	4	6	1	7	3	2	8
3	1	7	8	4	2	6	9	5
5	2	9	1	7	3	8	4	6
4	8	3	9	5	6	2	1	7
6	7	1	2	8	4	9	5	3

SUDOKU - 160 (Solution)

8	1	7	2	4	6	3	5	9
2	9	5	7	1	3	6	8	4
6	3	4	5	9	8	1	2	7
9	4	2	6	5	7	8	3	1
3	6	8	4	2	1	7	9	5
7	5	1	8	3	9	4	6	2
4	7	6	9	8	5	2	1	3
5	2	3	1	6	4	9	7	8
1	8	9	3	7	2	5	4	6

SUDOKU - 161 (Solution)

3	4	7	8	6	1	2	9	5
9	2	5	3	7	4	1	8	6
1	8	6	2	5	9	4	7	3
8	9	3	1	2	5	6	4	7
2	5	1	6	4	7	8	3	9
7	6	4	9	3	8	5	2	1
5	7	8	4	9	6	3	1	2
6	1	2	7	8	3	9	5	4
4	3	9	5	1	2	7	6	8

SUDOKU - 162 (Solution)

9	2	5	8	6	7	1	4	3
4	3	7	9	2	1	5	8	6
1	8	6	4	5	3	2	9	7
5	7	9	6	1	8	3	2	4
8	6	2	7	3	4	9	1	5
3	4	1	2	9	5	6	7	8
2	1	4	3	8	6	7	5	9
6	5	8	1	7	9	4	3	2
7	9	3	5	4	2	8	6	1

SUDOKU - 163 (Solution)

2	1	5	8	6	4	9	3	7
7	6	9	5	2	3	4	1	8
4	3	8	7	9	1	5	2	6
6	5	3	2	4	9	7	8	1
1	4	2	6	8	7	3	5	9
8	9	7	1	3	5	2	6	4
5	8	1	9	7	2	6	4	3
3	7	6	4	5	8	1	9	2
9	2	4	3	1	6	8	7	5

SUDOKU - 164 (Solution)

2	4	7	9	5	8	3	6	1
1	8	9	7	3	6	5	4	2
5	3	6	2	4	1	8	7	9
6	1	4	3	9	5	7	2	8
9	7	5	1	8	2	6	3	4
3	2	8	6	7	4	1	9	5
7	9	1	5	2	3	4	8	6
4	5	3	8	6	9	2	1	7
8	6	2	4	1	7	9	5	3

SUDOKU - 165 (Solution)

5	6	2	8	7	1	9	4	3
4	7	9	2	3	6	5	1	8
1	3	8	9	5	4	2	7	6
2	5	6	4	9	3	7	8	1
3	1	4	7	8	5	6	9	2
8	9	7	6	1	2	4	3	5
6	4	1	3	2	7	8	5	9
7	8	3	5	6	9	1	2	4
9	2	5	1	4	8	3	6	7

SUDOKU - 166 (Solution)

3	6	5	8	4	7	2	1	9
4	9	7	1	3	2	5	8	6
8	1	2	6	5	9	4	7	3
1	7	8	4	9	6	3	2	5
6	5	9	3	2	1	8	4	7
2	4	3	7	8	5	9	6	1
9	8	1	5	6	4	7	3	2
7	2	4	9	1	3	6	5	8
5	3	6	2	7	8	1	9	4

SUDOKU - 167 (Solution)

5	1	3	2	4	8	7	6	9
2	7	6	9	3	5	1	4	8
8	4	9	1	6	7	5	3	2
9	6	8	7	1	4	3	2	5
4	2	7	5	8	3	9	1	6
3	5	1	6	9	2	8	7	4
7	8	5	3	2	6	4	9	1
6	9	4	8	7	1	2	5	3
1	3	2	4	5	9	6	8	7

SUDOKU - 168 (Solution)

9	7	3	8	4	1	2	5	6
5	6	2	9	7	3	1	4	8
4	1	8	6	2	5	3	9	7
7	3	9	1	5	2	8	6	4
2	4	5	7	6	8	9	3	1
1	8	6	4	3	9	5	7	2
8	9	4	5	1	7	6	2	3
3	5	7	2	8	6	4	1	9
6	2	1	3	9	4	7	8	5

SUDOKU - 169 (Solution)

6	5	3	8	4	2	9	1	7
7	2	9	1	5	3	8	6	4
4	1	8	6	7	9	2	5	3
1	3	4	7	2	8	6	9	5
8	7	2	9	6	5	3	4	1
5	9	6	3	1	4	7	2	8
2	4	7	5	3	6	1	8	9
3	8	5	2	9	1	4	7	6
9	6	1	4	8	7	5	3	2

SUDOKU - 170 (Solution)

1	3	6	9	4	7	2	8	5
7	8	5	6	1	2	9	4	3
9	4	2	8	3	5	6	7	1
6	5	1	7	8	4	3	9	2
2	9	8	5	6	3	4	1	7
4	7	3	1	2	9	8	5	6
5	2	4	3	7	8	1	6	9
3	1	7	4	9	6	5	2	8
8	6	9	2	5	1	7	3	4

SUDOKU - 171 (Solution)

2	4	6	3	1	7	9	8	5
7	8	1	4	9	5	6	2	3
9	5	3	6	2	8	4	7	1
5	9	4	8	3	2	7	1	6
6	2	8	7	4	1	3	5	9
3	1	7	9	5	6	8	4	2
1	6	9	2	7	4	5	3	8
8	7	2	5	6	3	1	9	4
4	3	5	1	8	9	2	6	7

SUDOKU - 172 (Solution)

6	4	8	2	5	9	3	1	7
9	5	7	1	3	4	6	8	2
2	1	3	8	7	6	4	9	5
7	8	6	3	4	5	9	2	1
4	3	1	9	8	2	5	7	6
5	2	9	7	6	1	8	4	3
1	6	2	5	9	8	7	3	4
3	9	5	4	2	7	1	6	8
8	7	4	6	1	3	2	5	9

SUDOKU - 173 (Solution)

2	7	3	6	4	5	8	1	9
1	8	6	9	3	2	5	7	4
5	4	9	7	8	1	3	6	2
3	1	5	2	9	6	7	4	8
8	2	7	4	5	3	1	9	6
6	9	4	1	7	8	2	5	3
4	5	8	3	6	7	9	2	1
7	6	2	8	1	9	4	3	5
9	3	1	5	2	4	6	8	7

SUDOKU - 174 (Solution)

7	1	4	8	3	2	9	5	6
9	2	6	1	5	4	8	7	3
3	5	8	6	9	7	2	1	4
6	4	9	5	7	3	1	8	2
2	7	1	9	4	8	6	3	5
5	8	3	2	6	1	4	9	7
1	3	5	4	8	6	7	2	9
8	6	7	3	2	9	5	4	1
4	9	2	7	1	5	3	6	8

SUDOKU - 175 (Solution)

1	5	4	3	8	2	6	9	7
7	3	8	9	1	6	4	5	2
6	9	2	5	4	7	1	3	8
4	6	5	7	2	1	9	8	3
2	1	3	4	9	8	7	6	5
8	7	9	6	5	3	2	1	4
5	4	7	1	3	9	8	2	6
9	8	6	2	7	5	3	4	1
3	2	1	8	6	4	5	7	9

SUDOKU - 176 (Solution)

3	1	6	8	7	4	2	5	9
7	9	2	3	5	6	8	1	4
8	5	4	9	1	2	3	6	7
4	8	5	7	3	1	6	9	2
9	6	1	4	2	5	7	8	3
2	7	3	6	8	9	5	4	1
1	3	7	5	4	8	9	2	6
6	4	8	2	9	7	1	3	5
5	2	9	1	6	3	4	7	8

SUDOKU - 177 (Solution)

5	2	9	4	6	7	8	3	1
4	8	7	9	3	1	2	6	5
1	6	3	5	8	2	9	7	4
2	9	8	3	7	4	5	1	6
6	7	4	2	1	5	3	8	9
3	5	1	6	9	8	4	2	7
8	1	2	7	5	9	6	4	3
7	3	5	8	4	6	1	9	2
9	4	6	1	2	3	7	5	8

SUDOKU - 178 (Solution)

1	3	9	6	5	7	8	4	2
7	2	5	1	8	4	3	6	9
8	4	6	9	2	3	7	5	1
9	5	7	8	3	6	1	2	4
4	8	3	2	1	5	9	7	6
2	6	1	7	4	9	5	3	8
5	1	2	3	6	8	4	9	7
6	7	4	5	9	1	2	8	3
3	9	8	4	7	2	6	1	5

SUDOKU - 179 (Solution)

1	8	5	4	3	2	9	6	7
3	6	4	5	9	7	8	1	2
7	2	9	6	8	1	3	5	4
2	4	7	9	5	8	1	3	6
9	5	1	2	6	3	4	7	8
8	3	6	7	1	4	5	2	9
4	1	2	3	7	9	6	8	5
5	9	3	8	2	6	7	4	1
6	7	8	1	4	5	2	9	3

SUDOKU - 180 (Solution)

9	2	4	1	8	5	6	7	3
1	3	7	6	9	2	5	8	4
5	8	6	7	4	3	9	2	1
6	7	2	5	1	4	3	9	8
8	9	5	2	3	6	1	4	7
4	1	3	8	7	9	2	6	5
7	6	1	3	2	8	4	5	9
3	5	9	4	6	7	8	1	2
2	4	8	9	5	1	7	3	6

SUDOKU - 181 (Solution)

2	3	8	1	4	5	9	6	7
9	6	1	2	8	7	5	4	3
7	5	4	9	6	3	2	1	8
5	1	7	6	3	2	4	8	9
3	8	9	4	5	1	6	7	2
6	4	2	7	9	8	1	3	5
4	2	6	3	7	9	8	5	1
1	7	5	8	2	6	3	9	4
8	9	3	5	1	4	7	2	6

SUDOKU - 182 (Solution)

3	5	1	4	6	8	7	9	2
4	7	2	5	3	9	6	1	8
9	6	8	7	1	2	4	5	3
8	9	3	6	5	4	1	2	7
7	2	4	3	9	1	8	6	5
5	1	6	8	2	7	3	4	9
6	8	7	9	4	5	2	3	1
1	3	9	2	8	6	5	7	4
2	4	5	1	7	3	9	8	6

SUDOKU - 183 (Solution)

7	2	8	9	1	5	3	4	6
1	4	5	7	6	3	9	8	2
6	9	3	2	4	8	7	1	5
9	6	1	4	8	2	5	7	3
4	8	7	3	5	9	2	6	1
5	3	2	6	7	1	4	9	8
2	5	4	1	9	6	8	3	7
3	7	6	8	2	4	1	5	9
8	1	9	5	3	7	6	2	4

SUDOKU - 184 (Solution)

1	2	8	7	4	6	9	5	3
9	3	4	8	1	5	2	6	7
7	5	6	2	9	3	8	4	1
8	7	5	4	3	9	6	1	2
2	9	1	6	5	8	7	3	4
6	4	3	1	7	2	5	9	8
4	8	9	5	2	1	3	7	6
5	6	7	3	8	4	1	2	9
3	1	2	9	6	7	4	8	5

SUDOKU - 185 (Solution)

6	4	8	1	9	5	7	3	2
2	1	9	6	7	3	5	8	4
5	7	3	8	2	4	9	1	6
3	8	5	4	6	2	1	7	9
4	9	1	7	3	8	2	6	5
7	6	2	9	5	1	8	4	3
9	5	4	3	8	7	6	2	1
1	2	7	5	4	6	3	9	8
8	3	6	2	1	9	4	5	7

SUDOKU - 186 (Solution)

9	1	2	5	8	4	3	6	7
7	8	5	6	1	3	4	2	9
6	4	3	2	7	9	8	5	1
4	2	7	8	6	1	5	9	3
3	9	8	7	4	5	2	1	6
1	5	6	9	3	2	7	4	8
8	3	4	1	5	6	9	7	2
5	6	9	3	2	7	1	8	4
2	7	1	4	9	8	6	3	5

SUDOKU - 187 (Solution)

2	7	1	6	3	5	4	9	8
5	9	8	7	4	1	6	3	2
3	6	4	2	8	9	7	5	1
6	4	2	8	7	3	5	1	9
8	3	5	1	9	4	2	6	7
9	1	7	5	2	6	3	8	4
7	8	6	9	5	2	1	4	3
4	5	9	3	1	7	8	2	6
1	2	3	4	6	8	9	7	5

SUDOKU - 188 (Solution)

5	7	3	8	9	2	1	4	6
9	1	2	5	4	6	7	3	8
4	6	8	3	7	1	2	5	9
1	9	4	6	3	8	5	7	2
6	8	7	2	5	4	9	1	3
3	2	5	7	1	9	8	6	4
2	3	9	1	6	7	4	8	5
8	5	1	4	2	3	6	9	7
7	4	6	9	8	5	3	2	1

SUDOKU - 189 (Solution)

4	8	1	3	2	7	5	6	9
3	2	5	6	4	9	1	8	7
7	6	9	5	8	1	2	4	3
2	4	7	9	3	6	8	5	1
6	1	8	4	7	5	9	3	2
5	9	3	2	1	8	6	7	4
8	3	4	1	6	2	7	9	5
9	7	2	8	5	4	3	1	6
1	5	6	7	9	3	4	2	8

SUDOKU - 190 (Solution)

6	2	7	8	1	9	4	3	5
1	4	8	7	3	5	6	9	2
3	9	5	2	6	4	1	7	8
2	6	9	5	7	3	8	1	4
4	7	3	1	2	8	9	5	6
8	5	1	4	9	6	7	2	3
5	1	4	3	8	7	2	6	9
7	8	6	9	5	2	3	4	1
9	3	2	6	4	1	5	8	7

SUDOKU - 191 (Solution)

9	1	6	4	2	5	3	8	7
2	7	3	8	9	6	5	1	4
5	4	8	7	1	3	9	6	2
4	3	2	6	7	9	8	5	1
8	9	1	5	4	2	6	7	3
6	5	7	3	8	1	2	4	9
3	2	4	1	6	8	7	9	5
1	8	9	2	5	7	4	3	6
7	6	5	9	3	4	1	2	8

SUDOKU - 192 (Solution)

2	4	9	6	8	3	5	7	1
5	6	7	2	4	1	9	3	8
3	8	1	7	5	9	6	2	4
8	3	5	4	7	6	1	9	2
4	7	6	1	9	2	3	8	5
9	1	2	5	3	8	7	4	6
1	2	8	9	6	7	4	5	3
6	9	4	3	2	5	8	1	7
7	5	3	8	1	4	2	6	9

SUDOKU - 193 (Solution)

7	9	8	6	5	3	4	1	2
1	3	6	9	4	2	7	8	5
2	4	5	8	7	1	9	6	3
6	5	3	7	9	4	8	2	1
9	2	7	3	1	8	5	4	6
8	1	4	2	6	5	3	7	9
5	8	1	4	2	9	6	3	7
3	6	9	1	8	7	2	5	4
4	7	2	5	3	6	1	9	8

SUDOKU - 194 (Solution)

9	6	1	7	2	5	8	3	4
7	5	8	6	3	4	1	9	2
3	4	2	8	9	1	6	7	5
6	9	4	2	8	3	5	1	7
5	1	3	9	4	7	2	8	6
2	8	7	1	5	6	9	4	3
1	3	9	4	6	2	7	5	8
8	2	5	3	7	9	4	6	1
4	7	6	5	1	8	3	2	9

SUDOKU - 195 (Solution)

2	1	5	8	7	4	6	9	3
6	8	9	2	1	3	5	7	4
7	3	4	5	9	6	1	2	8
9	5	8	7	3	2	4	6	1
1	2	6	4	5	9	8	3	7
3	4	7	6	8	1	2	5	9
5	9	2	1	4	7	3	8	6
8	7	1	3	6	5	9	4	2
4	6	3	9	2	8	7	1	5

SUDOKU - 196 (Solution)

7	9	1	2	5	6	3	8	4
8	5	4	1	3	7	6	9	2
2	6	3	9	8	4	7	1	5
4	2	5	7	9	3	1	6	8
3	1	7	4	6	8	2	5	9
6	8	9	5	2	1	4	7	3
1	4	2	8	7	5	9	3	6
5	7	6	3	4	9	8	2	1
9	3	8	6	1	2	5	4	7

SUDOKU - 197 (Solution)

7	1	5	8	4	6	9	3	2
9	6	8	7	3	2	4	5	1
3	4	2	1	5	9	8	7	6
2	3	9	4	7	8	1	6	5
4	7	6	9	1	5	2	8	3
8	5	1	6	2	3	7	4	9
5	9	7	2	6	4	3	1	8
1	8	3	5	9	7	6	2	4
6	2	4	3	8	1	5	9	7

SUDOKU - 198 (Solution)

2	8	7	5	3	6	1	9	4
3	5	6	9	1	4	7	8	2
4	9	1	7	8	2	6	3	5
6	4	9	8	7	1	5	2	3
1	7	5	2	9	3	4	6	8
8	2	3	4	6	5	9	7	1
7	6	2	1	4	8	3	5	9
5	3	4	6	2	9	8	1	7
9	1	8	3	5	7	2	4	6

SUDOKU - 199 (Solution)

9	7	5	3	8	4	1	2	6
4	6	8	7	2	1	9	5	3
2	3	1	9	6	5	4	8	7
6	8	2	5	7	9	3	4	1
3	4	7	8	1	6	2	9	5
5	1	9	2	4	3	7	6	8
8	2	4	1	5	7	6	3	9
7	9	6	4	3	8	5	1	2
1	5	3	6	9	2	8	7	4

SUDOKU - 200 (Solution)

7	8	5	6	1	3	9	2	4
9	6	1	4	7	2	8	5	3
2	3	4	5	9	8	1	6	7
3	5	8	9	4	7	2	1	6
1	2	6	8	3	5	7	4	9
4	7	9	1	2	6	3	8	5
5	4	2	3	8	9	6	7	1
6	9	7	2	5	1	4	3	8
8	1	3	7	6	4	5	9	2

SUDOKU - 201 (Solution)

4	8	5	7	6	3	1	9	2
3	9	6	8	1	2	5	4	7
1	7	2	5	9	4	6	3	8
9	3	4	2	7	1	8	5	6
2	6	7	4	8	5	3	1	9
5	1	8	9	3	6	7	2	4
6	2	9	1	5	8	4	7	3
7	5	3	6	4	9	2	8	1
8	4	1	3	2	7	9	6	5

SUDOKU - 202 (Solution)

8	2	6	9	5	7	3	1	4
7	4	3	1	2	6	5	9	8
5	9	1	4	8	3	6	7	2
2	3	5	8	7	1	4	6	9
1	7	4	5	6	9	2	8	3
6	8	9	2	3	4	1	5	7
4	5	8	7	1	2	9	3	6
9	6	7	3	4	5	8	2	1
3	1	2	6	9	8	7	4	5

SUDOKU - 203 (Solution)

9	2	4	1	8	3	5	7	6
3	7	6	5	2	9	4	1	8
5	1	8	4	6	7	3	9	2
4	3	7	6	1	5	2	8	9
1	5	2	7	9	8	6	3	4
8	6	9	3	4	2	1	5	7
2	9	3	8	5	4	7	6	1
6	4	5	9	7	1	8	2	3
7	8	1	2	3	6	9	4	5

SUDOKU - 204 (Solution)

5	7	8	3	6	9	2	1	4
4	9	3	1	8	2	5	6	7
6	1	2	7	5	4	3	8	9
2	4	5	6	3	1	7	9	8
9	8	6	5	2	7	1	4	3
7	3	1	4	9	8	6	2	5
8	2	7	9	1	3	4	5	6
1	5	4	8	7	6	9	3	2
3	6	9	2	4	5	8	7	1

www.ingramcontent.com/pod-product-compliance
Lightning Source LLC
Chambersburg PA
CBHW080540220526
45466CB00010B/2981

* 9 7 9 8 5 8 7 9 2 4 8 9 5 *